贵州财经大学学术专著出版基金资助项目
贵州省省级科技计划项目 黔科合基础-ZK〔2022〕一般 031

U0159247

特征值问题的下谱界与多网格离散

张 宇 著

西南交通大学出版社
·成 都·

1 绪 论

1.1 研究背景及意义

"特征值问题是一切应用数学包括工程数学和理论物理学的中心问题."这句话出自林群院士为法国 F. Chatelin 教授的专著《线性算子谱逼近》中译本写的序言. 特征值问题出现在许多应用中，比如：Laplace 特征值问题 $-\Delta u = \lambda u$ 主要出现在声学理论、振动弹性膜和电磁波导问题的研究中，在工业设计中起着至关重要的作用；Steklov 特征值问题主要出现于表面波，浸入黏性流体中的机械振动器的稳定性，与不可压缩流体接触的结构振动模式，滑动摩擦定律下共线断层系统的反平面剪切以及含频率边界条件的机械系统的本征振动等应用中. 此外，特征值问题在现代科学和工程计算中也很常见. 比如：基于密度泛函理论的第一原理计算[124,190]和化学工程模拟[50,65]. 总之，在弹性振动、圆柱和壳体的屈曲、核反应堆的多组扩散、量子理论、流体力学、电磁场、材料科学、化学工程等应用领域均需求各种特征值问题. 因此，解特征值问题一直是数学家、物理学家、化学家和工程师关注的课题. 但是大部分情况下，求偏微分方程的准确特征值几乎不可能. 于是，研究者们从不同方向、不同路径去探索偏微分方程数值解的求法.

其中一种思路是求准确特征值的上界和下界，以此获得准确特征值所属的区间. 反之，这一区间又给出了近似特征值的可靠后验误差估计，这对实际工程中安全系数的设定来说是基础且重要的. 此外，比如计算力学安全分析、光谱间隙检测或 Sobolev 嵌入 $H_0^2(\Omega) \hookrightarrow L^2(\Omega)$ 的有效边界等均与特征值的下界相关. 由极小极大原理（Rayleigh-Ritz 原理），我们知道通过协调有限元方法和谱方法可以获得特征值问题的上谱界[131,11,18]. 但遗憾的是，到

非协调有限元提供特征值渐近下界的理论从 2004 年开始有了更为深刻的发展. 在 2004 年, 对 Laplace 特征值问题, Armentano 和 Durán[6]发现并严格地证明了, 当特征函数奇异的时候, 非协调 Crouzeix-Raviart 有限元法（简写为 CR 元, 在文献[45]中被提出）所求得的近似解是准确特征值的渐近下界. 在这篇文章中, Armentano 和 Durán 给出了一个恒等式, 这为特征值问题渐近下界的研究提供了一种新的思路, 打开了非协调有限元求解特征值渐近下界的大门. 自此以后, 利用非协调有限元求特征值渐近下界的这种思想被推广和发展到越来越多的非协调有限元方法和特征值问题. 比如, 对 CR 元, 杨一都、张智民等[178]对 Laplace 算子进一步发展该工作, 杨一都等[174]证明了 N 维单纯形非协调 CR 元为变系数二阶椭圆特征值问题提供下谱界、之后, 文献[173, 79]得到 Steklov 特征值问题的非协调 CR 元近似解是准确解的下界的结论, 文献[170]延拓这一工作到自适应网格, 文献[66]对 Stokes 特征值问题下谱界得到类似结论; 基于Q_1^{rot}元, 文献[94, 66]对 Stokes 特征值问题、文献[79]对 Steklov 特征值问题得到了下谱界; 对 Morley 元, 杨一都等文献[175]首次证明非协调 Morley 元为板振动特征值问题特征值提供下界, 文献[68]讨论了任意维区域下常系数 $2m$ 阶椭圆特征值问题 Morley 元近似的下界性质, 文献[91, 95]进一步发展文献[175]中的工作, 文献[172]将 Morley 元近似解的下界性质延拓到正规网格（包括自适应网格）下的变系数四阶椭圆特征值问题和重调和特征值问题; 基于 Wilson's 元, 张智民等[189]对 Laplace 特征值问题讨论了该非协调有限元近似的下界性质、文献[165]对三维区域 Laplace 特征值问题讨论了 Wilson's 元近似的下界性质、文献[83]将该非协调近似的下界性质延拓到任意维区域. 上述提到的利用非协调元提供下谱界的工作中, 大部分要求与特征值对应的特征函数是奇异的这一条件. 这就意味着, 对于相应特征函数光滑的那些特征值, 利用这些非协调有限元求得的近似值有可能从上方逼近于准确值, 比如用非协调 CR 元求解古典 Steklov 特征值问题第一个特征值, 所得结果是上界, 而不是下界. 随着非协调有限元求下界的发展, 2014 年, 胡俊等[68]提出推

1 绪 论

1.1 研究背景及意义

"特征值问题是一切应用数学包括工程数学和理论物理学的中心问题."这句话出自林群院士为法国 F. Chatelin 教授的专著《线性算子谱逼近》中译本写的序言. 特征值问题出现在许多应用中, 比如: Laplace 特征值问题 $-\Delta u = \lambda u$ 主要出现在声学理论、振动弹性膜和电磁波导问题的研究中, 在工业设计中起着至关重要的作用; Steklov 特征值问题主要出现于表面波, 浸入黏性流体中的机械振动器的稳定性, 与不可压缩流体接触的结构振动模式, 滑动摩擦定律下共线断层系统的反平面剪切以及含频率边界条件的机械系统的本征振动等应用中. 此外, 特征值问题在现代科学和工程计算中也很常见. 比如: 基于密度泛函理论的第一原理计算[124,190]和化学工程模拟[50,65]. 总之, 在弹性振动、圆柱和壳体的屈曲、核反应堆的多组扩散、量子理论、流体力学、电磁场、材料科学、化学工程等应用领域均需求各种特征值问题. 因此, 解特征值问题一直是数学家、物理学家、化学家和工程师关注的课题. 但是大部分情况下, 求偏微分方程的准确特征值几乎不可能. 于是, 研究者们从不同方向、不同路径去探索偏微分方程数值解的求法.

其中一种思路是求准确特征值的上界和下界, 以此获得准确特征值所属的区间. 反之, 这一区间又给出了近似特征值的可靠后验误差估计, 这对实际工程中安全系数的设定来说是基础且重要的. 此外, 比如计算力学安全分析、光谱间隙检测或 Sobolev 嵌入 $H_0^2(\Omega) \hookrightarrow L^2(\Omega)$ 的有效边界等均与特征值的下界相关. 由极小极大原理 (Rayleigh-Ritz 原理), 我们知道通过协调有限元方法和谱方法可以获得特征值问题的上谱界[131,11,18]. 但遗憾的是, 到目前为止没有一种统一的法则可以用于求特征值的下界，也正因为如此，求特征值的下界成了多年来学术界一直关注的问题.

还有一种思路是，通过各种有限元方法直接获得满足精度要求的近似解. 理论上已经证明，只要离散求解对象的单元足够小，所得的近似解就可足够逼近于准确值. 但是，在实际操作中，只是一味对网格进行加密，以缩小单元尺寸，进而得到满足精度要求的近似解这一举措是不可取的. 因为自由度增加的同时，也会使直接求解特征值的计算量上升，最终会导致超出计算机内存，很难满足研究者们对解精度的要求. 这就需要研究者们不断探索、发展其他更为高效的有限元方法来求解特征值问题. 理想的方法应该满足以更小的计算代价，获得精度相同或精度更高的近似解. 其中，多网格离散对于解特征值问题来说是一种高效且受欢迎的有限元方法，比如不带位移的多网格离散，带位移的多网格离散，多网格校正，自适应算法等. 这类方法能在不降低近似解精确度的前提下，减少计算量，或在相同的自由度下，提高近似解的精确度.

综上，本书将对特征值问题的下谱界以及多网格离散进行理论研究，并将所得理论结果用于物理科学及应用工程等领域中的特征值问题，以对现有关于特征值问题下谱界及多网格离散理论作补充，推动现有理论的发展和完善. 接下来，将介绍关于特征值问题下谱界及多网格离散的研究现状以及本书剩余章节的工作.

1.2　国内外研究历史及现状

1.2.1　特征值问题下谱界研究历史及现状

在本书中，也称下谱界为特征值的下界. 关于特征值问题下谱界的研究可以追溯到 1943 年，Weinstein 和 Chien[142]对板振动问题使用放松边界条件的方法获得了特征值的下界并给出了数值实验，这一方法打破了协调的性质；在 1954 年和 1956 年，Forsythe[54]与 Weiberger[141]用有限差分法给出了凸区域上特征值的下界，然而，对于一般的区域，特别是对凹形区域，用这种方法很难处理边界带；1972 年，Weinstein 和 Stenger[143]用 Weinstein-Aronszajn 方法也给出了特征值的下界，然而，它需要对约束条件进行复杂的处理，并且需要一个具有显式谱的基问题，这也是具有相当难度的；1991 年，Plum[119]提出的同伦方法给先验特征值界的分析提供了一个很好的选择. 这一方法考虑了基问题与已知谱之间的联系，通过区域变换，它甚至可以处理一般形状的区域. 然而，要将同伦方法应用于解决实际问题，需要在建立同伦过程中进行个案研究；2000 年以后，Armentano 和 Duran[5]、胡俊等[70]证明了用集中质量有限元法所求得的特征值从下方逼近于准确特征值，但这一结论只能在一类特殊网格上得到. 近几年，研究者们[182, 32]使用 Weak Galerkin（WG）有限元方法来得到了常系数椭圆特征值问题的下谱界，但该方法是否可用于求解其他特征值问题还未见到相关报道.

多年来，学者们一直不断地探索求特征值下界的方法. 除上述几种求下界的方法外，受协调有限元提供特征值上界的启发，学者们提出疑问，非协调有限元是否可以为特征值提供下界？最初，研究者们试图从数值实验的角度去探索和发现. 1967 年，Zienkiewicz 等[192]发现非协调 Morley 元从下方逼近于准确特征值. 1979 年，Rannacher[121]通过数值实验得出非协调 Adini 和 Morley 元（这两种非协调元分别在文献[1]和[111]中被提出）能为板振动特征值问题提供下谱界的结论；之后，通过数值实验，刘会坡和严宁宁[97]对非协调 Wilson's 元（该非协调有限元在文献[145]中被提出）、推广的非协调旋转Q_1元（简写为EQ_1^{rot}元，该非协调有限元在文献[89]在被提出）和非协调旋转Q_1元（简写为Q_1^{rot}元，在文献[122]中被提出），陈震和杨一都[40]对三维区域的 Wilson 砖都得到了类似结论. 遗憾的是这些研究并没有对非协调元产生下界这一结论进行严格的理论推导. 直到 2000 年以后，研究者们考虑并使用渐近展开的方法，从理论上严格地证明了非协调有限元可求得特征值的下界[162,87,85,86]. 但是，这种方法要求特征函数有较好的光滑性且对网格剖分也有一定的限制.

　　非协调有限元提供特征值渐近下界的理论从 2004 年开始有了更为深刻的发展. 在 2004 年，对 Laplace 特征值问题，Armentano 和 Durán[6]发现并严格地证明了，当特征函数奇异的时候，非协调 Crouzeix-Raviart 有限元法（简写为 CR 元，在文献[45]中被提出）所求得的近似解是准确特征值的渐近下界. 在这篇文章中，Armentano 和 Durán 给出了一个恒等式，这为特征值问题渐近下界的研究提供了一种新的思路，打开了非协调有限元求解特征值渐近下界的大门. 自此以后，利用非协调有限元求特征值渐近下界的这种思想被推广和发展到越来越多的非协调有限元方法和特征值问题. 比如，对 CR 元，杨一都、张智民等[178]对 Laplace 算子进一步发展该工作，杨一都等[174]证明了 N 维单纯形非协调 CR 元为变系数二阶椭圆特征值问题提供下谱界、之后，文献[173，79]得到 Steklov 特征值问题的非协调 CR 元近似解是准确解的下界的结论，文献[170]延拓这一工作到自适应网格，文献[66]对 Stokes 特征值问题下谱界得到类似结论；基于 Q_1^{rot} 元，文献[94，66]对 Stokes 特征值问题、文献[79]对 Steklov 特征值问题得到了下谱界；对 Morley 元，杨一都等文献[175]首次证明非协调 Morley 元为板振动特征值问题特征值提供下界，文献[68]讨论了任意维区域下常系数 $2m$ 阶椭圆特征值问题 Morley 元近似的下界性质，文献[91，95]进一步发展文献[175]中的工作，文献[172]将 Morley 元近似解的下界性质延拓到正规网格（包括自适应网格）下的变系数四阶椭圆特征值问题和重调和特征值问题；基于 Wilson's 元，张智民等[189]对 Laplace 特征值问题讨论了该非协调有限元近似的下界性质、文献[165]对三维区域 Laplace 特征值问题讨论了 Wilson's 元近似的下界性质、文献[83]将该非协调近似的下界性质延拓到任意维区域. 上述提到的利用非协调元提供下谱界的工作中，大部分要求与特征值对应的特征函数是奇异的这一条件. 这就意味着，对于相应特征函数光滑的那些特征值，利用这些非协调有限元求得的近似值有可能从上方逼近于准确值，比如用非协调 CR 元求解古典 Steklov 特征值问题第一个特征值，所得结果是上界，而不是下界. 随着非协调有限元求下界的发展，2014 年，胡俊等[68]提出推广的 Crouzeix-Raviart 元（ECR 元），克服了特征函数奇异这一条件限制，得到了特征值的渐近下界. 即无论特征函数奇异与否，这种新的非协调有限元都能产生特征值的渐近下界. 另外，李友爱等[82]、林群等[95]也证明了 EQ_1^{rot} 元为准确特征值提供渐近下界，而且这一性质不受特征函数奇异的限制. 胡俊等又在文献[71]中证明了两种修正的非协调有限元能提供特征值的渐近下界. 但是这些非协调有限元近似解是准确解的下界这一结论仅对常系数的特征值问题成立. 对于变系数特征值问题，特别是导数项系数是函数的时候，这些非协调有限元近似解是否是特征值的下界？这一疑问也在一定时间内没有得到理论上的解决. 2019 年，张宇和杨一都[187]对 CR，ECR，Q_1^{rot}，EQ_1^{rot} 四种非协调元近似解作校正，得到了变系数二阶椭圆算子和 Stokes 算子特征值的渐近下界. 该工作的相关结论不受到研究非协调 CR 元、Q_1^{rot} 元特征值近似的下界理论中常见的对特征函数奇异性的限制，同时也去掉了非协调 ECR 元、EQ_1^{rot} 元常要求的问题系数是常数的条件.

需要注意的是，渐近下界理论结果的有效性取决于网格尺寸足够小的条件. 但是到目前为止，还没有文献讨论如何去验证这一先决条件. 因而求明确特征值下界成为了一个有吸引力的话题. 其取消了网格尺寸足够小的限制，为特征值下界的研究开启了一个新的视角. 2013 年，刘雪峰等使用线性协调有限元获得了 Laplace 特征值问题的明确下谱界[101]. 2014 年，Carstensen 的团队基于非协调 CR 有限元对下列 Poincaré 不等式中的常数 C_h 进行估计，即

$$\| u \|_{0,\kappa} \leqslant C_h |u|_{1,\kappa}, \qquad u \in H^1(\kappa),$$

这里 κ 是一个给定的三角形单元，C_h 是可计算的常数；进一步地，通过对 Laplace 算子的非协调 CR 元特征值近似作后处理，得到了特征值的明确下界[31]. 同年，Carstensen 的团队[29]又对非协调 Morley 元近似做后处理，得到了重调和特征值问题第 k 个 Dirichlet 特征值 λ_k 的明确下谱界

$$GLB(k) := \frac{\lambda_M(k)}{1 + \lambda_M(k)\kappa_2^2 h_{\max}^4} \leqslant \lambda_k,$$

在二维区域上，明确参数 $\kappa_2 := 0.257457844658$ ；在三维区域上，明确参数 $\kappa_2 := 0.216718489360$. 他们的工作保证了即使是网格尺寸较大时，所求得的值也是准确特征值的下界. 2015年，刘雪峰[100]对满足投影直交性质的一般框架下的特征值问题给出了明确的下界. 之后，其团队又进一步将这一工作延拓到双线性型 $M(\cdot,\cdot)$ 是正定、$N(\cdot,\cdot)$ 是半正定的情况下[180]，并将该理论用到了古典Steklov特征值问题. 近几年来，关于明确下界的研究得到学者们越来越多的关注，而且这一理论方法已被用到多种特征值问题，如椭圆特征值问题[69]，Stokes特征值问题[153,84]等. 上述工作，除了椭圆特征值问题是变系数外，其余均为常系数的. 此外，关于明确下界的众多研究中，由后处理所得明确下界的结论含有最大网格尺寸 h_{max} 这一全局参数. 这样一来，明确下界理论用于某些特征值问题，比如常系数Steklov特征值问题，会使收敛阶有所损失，即使在凸区域上，这一方法所得的特征值近似的收敛阶也只能达到 $O(h)$，达不到最优收敛阶 $O(h^2)$. 而且，当最大网格尺寸过大且局部网格加密不完全，留有一些粗网格时，可能会引起自适应网格加密估计的严重不足.

1.2.2　特征值问题多网格离散研究历史及现状

研究者们为求解线性代数方程组提出了许多方法，比如传统的多网格方法[23,21,24,59,105,127,156]、迭代方法、共轭梯度法等. 当有限元或有限差分方法被用于离散非对称或不定偏微分方程时，所得到的代数系统一般来说也是非对称正定的. 因此，这些方程的解就会变得困难. 像 SOR 算法、共轭梯度法及预处理等方法在求解对称正定系统效果更好. 根据文献[26，154]中思想，1992 年许进超对非对称和非椭圆线性问题提出了一种新的二网格离散技巧来解决这一困难[155,157,158]. 在该理论下，在区域分解和多网格方法上有困难的一些问题就变得容易了. 2001 年，许进超和周爱辉又将这一多网格技巧成功地用到了协调有限元的特征值问题[159]，他们对椭圆特征值问题建立了基于反迭代（不带位移）的二网格离散. 该方法与迭代 Galerkin 法相关[90,130]，但是是基于两个带有不同网格尺寸的有限元空间. 该二网格离散可以被看作是解矩阵特征值问题的反迭代法（不带位移）与有限元方法的结合. 基于该工作，许进超和周爱辉又进一步建立了局部并行有限元算法[160]. 杨一都又将这一工作延拓到 Wilson 非协调有限元[163]. 该二网格离散及在其基础上发展起来的多网格离散广泛应用于在多种特征值问题，比如重调和特征值问题[3,120]、半线性椭圆特征值问题[41]、量子特征值问题[48]、Stokes 特征值问题[36,149]、Maxwell 特征值问题[38]、$2m$ 阶椭圆特征值问题[3]等.

除上述工作外，在该类不带位移的二网格、多网格基础上发展起来的还有基于移位反迭代的二网格、多网格离散以及多水平校正方案. 在 2011 年，文献[72，73]和[166]分别独立地建立了基于移位反迭代的二网格离散. 基于该方法的多网格离散可看作解矩阵特征值问题的反迭代（带位移）法与有限元方法的结合，它将细网格上的一个特征值问题的解归结为粗网格上一个特征值问题的解和细网格上一系列线性代数系统的解（也可见文献[179]）. 之后，文献[15]将这一方法推广到 Steklov 特征值问题非协调 CR 元；在文献[13]中，这一思想被进一步发展到 Steklov 特征值问题协调有限元的基于移位反迭代的自适应；文献[77]将这一思想推广到二阶自共轭椭圆特征值问题协调有限元的自适应算法；文献[35] 对 Laplace 特征值问题研究了协调有限元的基于移位反迭代的多网格方法；文献[191，167，98]将该法用于基于棱元的 Maxwell 特征值问题；文献[63]将这一工作应用到 Stokes 特征值问题；文献[14]对 Steklov 特征值问题协调有限元建立了多网格迭代方案；文献[167]进一步发展该工作，对一般的自共轭特征值问题建立了基于多网格离散的移位反迭代，并用于积分算子特征值问题；文献[185]对重调和特征值问题建立了基于移位反迭代的二网格、多网格方案.

基于不带位移二网格离散建立起来的多水平校正方案是由林群和谢和虎等对 Laplace 特征值问题提出来的[93]. 该方法将细有限元空间中求一个特征值问题的解归结为一系列细有限元空间中求一系列边值问题和在最粗有限元空间中 求解一系列特征值问题，且该方法不损失特征值的收敛阶. 这一多网格校正已被应用到许多有用的特征值问题，比如：非线性特征值问题[74,76]，重调和特征值问题[186]，Steklov 特征值问题[147,64]，Stokes 特征值问题[88]，椭圆特征值问题[37]，Fredholm 积分特征值问题[150]，玻色爱因斯坦凝聚[151]，对流扩散特征值问题[118,152]，传输特征值问题[61]，Kohn-Sham 方程[67]，反散射中 Steklov 特征值问题[184]等.

上述介绍的多网格离散中采用的是全局细分网格. 除了这种方法得到的多网格以外，还有一种特殊的多网格，即自适应网格. 自适应算法被广泛应用于求解奇异方程. 基于后验误差估计的自适应有限元算法可以自动选取近似解变化较为剧烈的区域并对这些局部区域进行网格细分，使得网格在迭代过程中不断调节，从而形成一系列最优三角剖分，即自适应网格. 该方法可以充分有效地利用计算资源，在计算时间与求解精度上巧妙地取得平衡. 一直以来，自适应有限元算法备受研究者们关注. 自适应有限元计算误差估计的思想最早由 Babuška 和 Rheinboldt 在 1978 年提出[12]. 关于自适应有限元方法及后验误差估计的工作已在文献[137，2，109，129，138] 中得到系统的总结. 近几年来，自适应有限元方法也被用到了一些备受关注的特征值问题上，比如，Helmholtz 传输特征值问题[62,78,177]，Maxwell 特征值问题[19,20]，Elastic 特征值问题[58]等.

1.3 研究结构与主要章节

基于上述研究，本书从两个角度讨论特征值问题的有限元解. 一方面，对特征值问题下谱界进行讨论；另一方面，对特征值问题多网格离散进行讨论. 书中所涉及的有限元方法及谱逼近基础理论主要参考文献[10，11，23，18，33，43，115，129，131，133，164].

本书内容共 9 章.前两章主要是绪论及准备知识. 第 1 章是绪论，介绍了研究背景和意义、研究现状及本书主要工作. 第 2 章为准备知识，对本书中常用的函数空间、有限元空间及数值实验中常用的符号作解释.

　　第 3~6 章主要研究特征值问题的下谱界，包括渐近下界和明确下界. 其中，第 3、4 章利用单元上 Poincaré 不等式，对四种非协调有限元（包括非协调 CR、ECR、Q_1^{rot} 及 EQ_1^{rot} 有限元）特征值近似引入校正公式，从而得到了变系数二阶椭圆特征值问题和 Stokes 特征值问题的渐近下谱界，本书证明了校正后的特征值从下方收敛于准确值；第 5 章进一步结合单元上的迹不等式，对两种非协调有限元（非协调 CR 和 ECR 有限元）特征值近似引入校正公式，以得到变系数 Steklov 及反散射中 Steklov 特征值问题的渐近下谱界；第 6 章将现有研究框架应用到流体力学中两个特征值问题，包括流固振动的 Laplace 模型及流体中的晃动模式的明确下谱界.

　　第 7~9 章主要对特征值问题的多网格离散展开研究. 第 7 章对现有证明二网格、多网格误差的重要引理进行推广，建立了重调和特征值问题 Ciarlet-Raviart 混合法的基于移位反迭代的多网格离散方案，并对多网格离散解进行收敛性分析；第 8 章对反散射中 Steklov 特征值问题建立了多网格校正方案，分析了多网格校正解的误差估计；第 9 章对第 8 章中的特征值问题的特征函数、共轭特征函数、特征值引入后验误差指示子，并证明了所引入指示子的可靠性和有效性，进一步给出了简化后的误差指示子，最后根据所给出的指示子建立了自适应有限元算法.

　　对上述研究的所有内容，本书均给出了严格的理论分析及与理论相符的数值结果.

2　常用空间及符号

本章主要介绍理论分析中常用的函数空间及数值实验中的常用符号.

2.1　函数空间及范数的定义

本节主要给出一些常用的函数空间、空间中的范数、半范数的定义及记号.

设 $\Omega \subset \mathbb{R}^d$ 是 d 维空间中有界多面体区域，区域边界记为 $\partial \Omega$. $(x_1, x_2, \cdots, x_d)$ 表示 $\mathbb{R}^d$ 中的点. 符号 $\alpha = (\alpha_1, \alpha_2, \cdots, \alpha_d)$ （α_i 是非负整数）称为 d 重指标. 记 $|\alpha| = \sum\limits_{i=1}^{d} a_i$，且用下列符号表示微分算子：

$$\partial_i = \frac{\partial}{\partial x_i}, \quad \partial_i^{\alpha_i} = \frac{\partial^{\alpha_i}}{\partial x_i^{\alpha_i}}, \quad \partial^\alpha = \frac{\partial^{|\alpha|}}{\partial x_1^{\alpha_1} \cdots x_d^{\alpha_d}}$$

$u(x)$ 是定义在 Ω 上的函数，称

$$\operatorname{supp} u := \overline{\{x : u(x) \neq 0, x \in \Omega\}}$$

为 $u(x)$ 的支集. 若 $\operatorname{supp} u \subset \Omega$，则称 $u(x)$ 于 Ω 具有紧支集. 记

$$C_0^\infty(\Omega) := \{u : u \in C^\infty(\Omega), \operatorname{supp} u \subset \Omega\} .$$

下面定义 Ω 上的 p 次方可积函数空间 $L^p(\Omega)$，$1 \leqslant p \leqslant \infty$.

定义 2.1.1　设 v 是 Ω 上实值 Lebesgue 可测函数，记

$$\| v \|_{L^p(\Omega)} = \left(\int_\Omega |v(x)|^p \mathrm{d}x \right)^{1/p}, 1 \leqslant p < \infty; \| v \|_{L^\infty(\Omega)} = \operatorname*{ess\,sup}_{x \in \Omega} |v(x)|;$$

则定义空间

$$L^p(\Omega) := \{v : \| v \|_{L^p(\Omega)} < \infty\}, \quad 1 \leqslant p \leqslant \infty.$$

注 2.1.1　将定义 2.1.1 中 Ω 换为 $\partial\Omega$ 时，可得到区域边界上的 p 次方可积函数空间 $L^p(\partial\Omega)$. 另外，当 $p = 2$ 时，记范数 $\|\cdot\|_{L^2(\Omega)} = \|\cdot\|_{0,\Omega}$，$\|\cdot\|_{L^2(\partial\Omega)} = \|\cdot\|_{0,\partial\Omega}$.

进一步地，给出如下空间的定义

定义 2.1.2

$$L_0^2(\Omega) := \left\{ v \in L^2(\Omega), \ \int_\Omega v \, \mathrm{d}x = 0 \right\}.$$

下面定义 Sobolev 空间.

定义 2.1.3　设整数 $m \geqslant 0$，定义如下范数：

$$\|v\|_{W^{m,p}(\Omega)} = \left\{ \sum_{|\alpha| \leqslant m} \|\partial^\alpha v\|_{L^p(\Omega)}^p \right\}^{1/p} ; \ \|v\|_{W^{m,\infty}(\Omega)} = \max_{|\alpha| \leqslant m} \|\partial^\alpha v\|_{L^\infty(\Omega)};$$

则 Sobolev 空间定义如下：

$$W^{m,p}(\Omega) := \{u : \partial^\alpha u \in L^p(\Omega), \forall |\alpha| \leqslant m\}.$$

Sobolev 空间 $W^{m,p}(\Omega)$ 上的半范数定义如下：

定义 2.1.4　设整数 $m \geqslant 0$，定义如下半范数：

$$|v|_{W^{m,p}(\Omega)} = \left\{ \sum_{|\alpha| = m} \|\partial^\alpha v\|_{L^p(\Omega)}^p \right\}^{1/p} ; \ |v|_{W^{m,\infty}(\Omega)} = \max_{|\alpha| = m} \|\partial^\alpha v\|_{L^\infty(\Omega)}.$$

注 2.1.2　当 $p = 2$ 时，记 $W^{m,p}(\Omega)$ 为 $H^m(\Omega)$，相应范数记为 $\|\cdot\|_{H^m(\Omega)}$ 或 $\|\cdot\|_{m,\Omega}$，相应的半范数记为 $|\cdot|_{H^m(\Omega)}$ 或 $|\cdot|_{m,\Omega}$. 比如，当 $m = 1$，$p = 2$ 时，Sobolev 空间记为 $H^1(\Omega)$，其范数记为 $\|\cdot\|_{H^1(\Omega)}$ 或 $\|\cdot\|_{1,\Omega}$，半范数记为 $|\cdot|_{H^1(\Omega)}$ 或 $|\cdot|_{1,\Omega}$；再如，当 $m = 2$，$p = 2$ 时，Sobolev 空间记为 $H^2(\Omega)$，其范数记为 $\|\cdot\|_{H^2(\Omega)}$ 或 $\|\cdot\|_{2,\Omega}$，半范数记为 $|\cdot|_{H^2(\Omega)}$ 或 $|\cdot|_{2,\Omega}$.

让 $v|_{\partial\Omega}$ 表示 v 在边界上的限制，$\mathbf{v}$ 是 $\partial\Omega$ 的外法向量，$\frac{\partial v}{\partial \mathbf{v}}$ 是 v 的外法向导数，$\frac{\partial v}{\partial \mathbf{v}}|_{\partial\Omega}$ 表示 $\frac{\partial v}{\partial \mathbf{v}}$ 在 $\partial\Omega$ 上的迹. 特别地，给出下列 Sobolev 空间的定义.

定义 2.1.5 定义如下 Sobolev 空间:

$$H_0^1(\Omega) := \{v : v \in H^1(\Omega), v|_{\partial\Omega} = 0\};$$

$$H_0^2(\Omega) := \left\{v : v \in H^2(\Omega), v\Big|\partial\Omega = \frac{\partial v}{\partial \nu}\Big|_{\partial\Omega} = 0\right\}.$$

进一步地,设 $\partial\Omega = \Gamma_D \cup \Gamma_N$,且 $\mathrm{meas}\Gamma_D > 0$,则定义 Sobolev 空间 $H_{\Gamma_D}^1(\Omega)$ 为

$$H_{\Gamma_D}^1(\Omega) = \{v : v \in H^1(\Omega), v|_{\Gamma_D} = 0\}.$$

2.2 有限元空间的定义

在本书中,若无特别说明,则用 $\pi_h = \{\kappa\}$ 表示 Ω 的正规剖分且网格直径为 $h = \max\{h_\kappa\}$,其中 h_κ 是 d 维单纯形(也称为单元)κ 的直径. 设 $\varepsilon_h = \{e\}$ 表示 π_h 的所有 $d-1$ 维单纯形的集合,$\varepsilon_h(\Omega)$ 表示所有 $d-1$ 维内单纯形的集合,$\varepsilon_h(\partial\Omega)$ 表示所有 $\partial\Omega$ 上的 $d-1$ 维单纯形的集合. 用 $|\kappa|$ 表示单元 κ 的测度,用 $|e|$ 表示 $d-1$ 维单纯形 e 的测度. κ^+,$\kappa^- \in \pi_h$ 是相邻单元,且 $e = \kappa^+ \cap \kappa^-$. 设 $[\cdot]$ 是分片函数在 e 上的跳跃,即

$$[v] := v|_{\kappa^+} - v|_{\kappa^-}.$$

接下来,将给出一些常用有限元空间的定义.

设 $P_1(\kappa)$ 表示单元 κ 上的线性多项式,定义如下空间:

定义 2.2.1 线性有限元空间

$$V_h^{P_1} := \{v \in H^1(\Omega) : v|_\kappa \in P_1(\kappa), \forall \kappa \in \pi_h\}.$$

下面将定义几个常用非协调有限元空间.

定义 2.2.2 非协调 CR 有限元空间:$V_h^{\mathrm{CR}} := \{v \in L^2(\Omega) : v|_\kappa \in P_1(\kappa), \forall \kappa \in \pi_h, \int_e [v]\mathrm{d}s = 0, \forall e \in \varepsilon_h(\Omega)\}$.

令 $\mathrm{ECR}(\kappa) := P_1(\kappa) + \mathrm{span}\left\{\sum_{i=1}^d x_i^2\right\}$,任意 $\kappa \in \pi_h$,定义如下非协调有限元空间.

定义 2.2.3 非协调 ECR 有限元空间:

$$V_h^{\mathrm{ECR}} := \left\{ v \in L^2(\Omega) : v|_\kappa \in \mathrm{ECR}(\kappa),\ \forall \kappa \in \pi_h, \int_e [v]\mathrm{d}s = 0, \forall e \in \varepsilon_h(\Omega) \right\}.$$

令 $Q_1^{rot}(\kappa) = P_1(\kappa) + \mathrm{span}\{x_i^2 - x_{i+1}^2, 1 \leqslant i < d\}$, 任意 $\kappa \in \pi_h$, 定义如下非协调有限元空间.

定义 2.2.4 非协调 Q_1^{rot} 有限元空间:

$$V_h^Q := \left\{ v \in L^2(\Omega) : v|_\kappa \in Q_1^{rot}(\kappa), \forall \kappa \in \pi_h, \int_e [v]\mathrm{d}s = 0, \forall e \in \varepsilon_h(\Omega) \right\}.$$

令 $EQ_1^{rot}(\kappa) := P_1(\kappa) + \mathrm{span}\{x_1^2, x_2^2, \cdots, x_d^2\}$, 任意 $\kappa \in \pi_h$, 定义如下非协调有限元空间.

定义 2.2.5 非协调 EQ_1^{rot} 有限元空间:

$$V_h^{EQ} := \left\{ v \in L^2(\Omega) : v|_\kappa \in EQ_1^{rot}(\kappa), \forall \kappa \in \pi_h, \int_e [v]\mathrm{d}s = 0, \forall e \in \varepsilon_h(\Omega) \right\}.$$

2.3 数值结果中常用符号

在数值实验部分, 除非另有说明, 否则离散特征值问题均是在带有 1.8 GHzCPU 和 8GB RAM 的联想 IdeaPad 计算机上用 MATLAB 2018b 求解. 本书求解数值结果的相关程序均是在文献[39]中 iFEM 包下编译. 设 V 是特征值问题弱形式的解空间, V_h 是与离散版本相关的有限元空间. 为了方便和简单起见, 本书在数值实验部分的表格和图形中引入了以下符号:

H: 网格 π_H 的直径;

h: 网格 π_h 的直径;

λ_j: 某特征值问题的第 j 个准确特征值;

$\lambda_{j,H}$：网格 π_H 上相应的离散特征值问题的第 j 个特征值近似；

$\lambda_{j,h}$：网格 π_h 上相应的离散特征值问题的第 j 个特征值近似；

Ω_S：方形区域，不同章节，区域的直径可能同；

Ω_L：L 形区域，不同章节，区域的直径可能不同；

Ω_H：边长为 1 的正六边形；

Ω_{Slit}：裂缝区域，不同章节，区域的直径可能不同；

Ω_C：单位正方体；

$\nearrow$：近似特征值从下方收敛于准确值；

$\searrow$：近似特征值从上方收敛于准确值.

3 变系数二阶椭圆特征值问题的渐近下谱界

已有许多文献研究了二阶椭圆特征值问题的下谱界. 比如, 对二阶椭圆特征值问题的渐近下界研究可见文献[7, 174, 178]等; 再如, 对二阶椭圆特征值明确下界的研究可见文献[101, 31, 100, 69, 4]等. 上述关于渐近下界的研究中, 若是基于 CR, Q_1^{rot} 有限元的求解, 则常常要求特征函数是奇异的; 若是基于 ECR, EQ_1^{rot} 有限元的求解, 则常常要求特征值问题系数是常数, 特别是导数项的系数. 关于明确下界的研究中, 除了文献[69]中研究的问题是变系数以外, 其余均是常系数. 文献[69]中所讨论的二阶椭圆方程比本章所讨论的少一项.

本章将单元 κ 上的 Poincaré 不等式与 Armentano 和 Durán 提出的求特征值渐近下界的思想结合, 拟对非协调有限元近似作校正, 从而得到了变系数二阶椭圆特征值问题的渐近下谱界. 本章所得的结果将移除特征函数奇异或特征值问题系数是常数的条件, 这两个条件在现有渐近下界研究理论中常常被要求.

3.1 变系数二阶椭圆特征值问题及相关非协调有限元法

设 (a_{ij}) 是对称矩阵, a_{ij} 是适当光滑的函数. c, $\beta \in L^\infty(\Omega)$ 有一致正的下界. 本章中, Ω 的维数 $d=2,3,\cdots$. 考虑如下变系数二阶椭圆特征值问题:

$$\begin{cases} -\sum_{i,j=1}^d \partial_i\left(a_{ij}\partial_j u\right) + cu = \lambda\beta u, & \text{在}\Omega\text{内}, \\ u|_{\Gamma_D} = 0, \left.\dfrac{\partial u}{\partial \boldsymbol{v}}\right|_{\Gamma_N} = 0, & \text{在}\partial\Omega\text{上}, \end{cases} \tag{3.1.1}$$

Γ_D, $\Gamma_N \subset \partial\Omega$ 且 $\Gamma_D \cup \Gamma_N = \partial\Omega$. 假设存在正常数 a_0 使得

$$\sum_{i,j=1}^{d} a_{ij}\,\xi_i\xi_j \geqslant a_0\sum_{i}^{d}\xi_i^2, \forall \xi_i, \xi_j \in \mathbb{R}. \tag{3.1.2}$$

对于该问题，选取解空间 $V = H_{\Gamma_D}^1(\Omega)$，则式（3.1.1）的弱形式是:求 $(\lambda, u) \in \mathbb{R} \times V$ 且 $\|u\|_b = 1$ 使得

$$a(u,v) = \lambda b(u,v), \forall v \in V, \tag{3.1.3}$$

这里

$$a(u,v) = \int_{\Omega}\left(\sum_{i,j=1}^{d} a_{ij}\frac{\partial u}{\partial x_i}\frac{\partial u}{\partial x_i} + cuv\right)dx, \tag{3.1.4}$$

$$b(u,v) = \int_{\Omega}\beta uv\mathrm{d}x, \tag{3.1.5}$$

且 $\|\cdot\|_b = \sqrt{b(\cdot,\cdot)}$.

考虑下列与式（3.1.3）相关的边值问题：给定 $f \in L^2(\Omega)$，求 φ_f 使得

$$a(\varphi_f, v) = b(f, v), \forall v \in H^1(\Omega).$$

假设下列正则性估计成立:对任意 $f \in L^2(\Omega)$，有 $\varphi_f \in H^{1+r}(\Omega) \cap H_{\Gamma_D}^1(\Omega)$，且存在一个常数 C，使得对某些依赖于 Ω 和式（3.1.1）系数的 $r \in (0,1]$，满足

$$\|\varphi_f\|_{1+r} \leqslant C\|f\|_0.$$

设 $\varepsilon(\Gamma_D)$ 和 $\varepsilon(\Gamma_N)$ 分别表示 Dirichlet 边界和 Nemann 边界上所有 $d-1$ 维单纯形的集合. $\varepsilon_h(\partial\Omega) = \varepsilon(\Gamma_D) \cup \varepsilon(\Gamma_N)$. 对于该问题，我们取有限元空间 V_h 为

- CR 有限元空间: $V_h = \left\{v \in V_h^{CR}, 且 \int_e v\,ds = 0, \forall e \in \varepsilon_h(\Gamma_D)\right\}$;

- Q_1^{rot} 有限元空间: $V_h = \left\{v \in V_h^Q, 且 \int_e v\,ds = 0, \forall e \in \varepsilon_h(\Gamma_D)\right\}$;

- ECR 有限元空间: $V_h = \left\{v \in V_h^{ECR}, 且 \int_e v\,ds = 0, \forall e \in \varepsilon_h(\Gamma_D)\right\}$;

- EQ_1^{rot} 有限元空间: $V_h = \left\{v \in V_h^{EQ}, 且 \int_e v\,ds = 0, \forall e \in \varepsilon_h(\Gamma_D)\right\}$.

则式（3.1.3）的离散变分形式是：求 $(\lambda_h, u_h) \in \mathbb{R} \times V_h$ 且 $\|u_h\|_b = 1$，使得

$$a_h(u_h, v) = \lambda_h b(u_h, v), \forall v \in V_h, \qquad (3.1.6)$$

这里

$$a_h(u_h, v) = \sum_{\kappa} \int_{\kappa} \left(\sum_{i,j=1}^{d} a_{ij} \frac{\partial u_h}{\partial x_i} \frac{\partial v}{\partial x_j} + c u_h v \right) dx. \qquad (3.1.7)$$

定义 V_h 上的范数为 $\| \cdot \|_h = \left(\sum_{k \in \pi_h} \| \cdot \|_{1,k}^2 \right)^{\frac{1}{2}}$.

3.2 非协调元解的误差估计及Poincaré不等式

设 λ 是式（3.1.3）的第 i 个特征值且代数重数为 q, 即 $\lambda_i = \lambda_{i+1} = \cdots = \lambda_{i+q-1}$. 此外，设 $M(\lambda)$ 是式（3.1.3）相应于特征值 λ 的所有特征函数张成的空间. 从文献[10，11，68，91，95，174] 可知下列误差估计成立.

引理 3.2.1 假设 $M(\lambda) \subset H^{1+r}(\Omega)$. 令 (λ_h, u_h) 是式（3.1.6）的第 j 个特征对且 λ 是式（3.1.3）的第 j 个特征值. 当 h 充分小时，存在 $u \in M(\lambda)$ 使得

$$\| u_h - u \|_b + h^r \| u - u_h \|_h \leqslant C h^{2r}, \qquad (3.2.1)$$

$$| \lambda_h - \lambda | \leqslant C h^{2r}, \qquad (3.2.2)$$

特别地，当 V_h 是 CR 有限元空间或 ECR 有限元空间时，下列估计成立:

$$\| u_h - u \|_b \leqslant C h^r \| u - u_h \|_h \leqslant C h^{2r}. \qquad (3.2.3)$$

定义插值算子 $I_h : V \to V_h$ 满足

若 V_h 是 CR 有限元空间或 Q_1^{rot} 有限元空间，则

$$\int_e I_h u \, ds = \int_e u \, ds, \forall e \in \varepsilon_h, u \in V; \qquad (3.2.4)$$

若 V_h 是 ECR 有限元空间或 EQ_1^{rot} 有限元空间，则

$$\int_e I_h u \, ds = \int_e u \, ds; \int_\kappa I_h u \, dx = \int_\kappa u \, dx, \forall e \in \varepsilon_h, \kappa \in \pi_h, u \in V. \qquad (3.2.5)$$

注意到 I_h 有下列性质:

（1）若 V_h 是 CR 有限元空间，对每个单元 $\kappa \in \pi_h$ 有

$$\int_\kappa \frac{\partial(u - I_h u)}{\partial x_i} \frac{\partial v_h}{\partial x_j} \mathrm{d}x = -\int_\kappa (u - I_h u) \frac{\partial^2 v_h}{\partial x_j \partial x_i} \mathrm{d}x + \int_{\partial\kappa} (u - I_h u) \frac{\partial v_h}{\partial x_j} \boldsymbol{v}_i \mathrm{d}x$$

$$= 0, \forall v_h \in V_h \qquad (3.2.6)$$

这里 $i, j = 1, 2, \cdots, d$;

（2）从文献[68]中等式（7.4）知，若 V_h 表示其他三种非协调有限元空间，对每个单元 $\kappa \in \pi_h$ 有

$$\int_k \nabla(u - I_h u) \cdot \nabla v_h \mathrm{d}x = 0, \forall v_h \in V_h. \qquad (3.2.7)$$

Poincaré 不等式常数的估计为学术界所关注（比如，见文献[136，30，34，80，180，100]及其引用文献）. 参考文献[100]和[180]，有如下估计.

引理 3.2.2　对任意凸区域 κ，下列结论是成立的:

$$\| u - I_h u \|_{0,\kappa} \leqslant C_{h_\kappa} |u - I_h u|_{1,\kappa}, \forall u \in H^1(\kappa), \qquad (3.2.8)$$

这里

- 当 $\int_k (u - I_h u) \mathrm{d}x = 0$ 时，若 $\kappa \in \mathbb{R}^2$，$C_{h_\kappa} = 0.2610 h_\kappa$；若 $\kappa \in \mathbb{R}^d$，

$C_{h_\kappa} = 0.3183 h_\kappa$ [见文献[84]中式（3.3）及文献[117]中式（3.10）和式（4.3）];

- 当 $\int_{\partial k} (u - I_h u) \mathrm{d}s = 0$，对三角形单元 $\kappa \in \mathbb{R}^2$，$C_{h_\kappa} = 0.3460 h_\kappa$，或当单元 κ 的三个顶点 A、O 和 B 满足 $\angle AOB \in (0, \frac{\pi}{3}]$ 且空间 CR 有限元空间时，$C_{h_\kappa} = 0.1893 h_\kappa$；对四面体单元 $\kappa \in \mathbb{R}^3$，$C_{h_\kappa} = 0.3804 h_\kappa$（见文献[100]中定理 3.2、定理 3.4 和定理 4.2）.

引理 3.2.3　见文献[103]中引理 3.3. 设 $w \in H^1(\kappa)$ 是在尺寸为 $|e_i|$ 的边 e_i 上的平均值为零的函数（i=1 或 2），则有

$$\| w \|_{0,\kappa} \leqslant \frac{\sqrt{4 + 2\sqrt{2}\pi}}{\pi} \left\| \sum_{i=1}^2 |e_i| \frac{\partial w}{\partial v_i} \right\|_{0,\kappa},$$

这里，$\frac{\partial}{\partial \boldsymbol{v}_i}$ 表示沿着 $\boldsymbol{v}_i$ 方向的导数.

3.3 变系数二阶椭圆特征值问题的渐近下谱界

本节将分别对特征值问题式（3.1.6）和式（4.1.7）、式（4.1.8）的非协调元解引入一个校正，且将证明校正后特征值的下界性质.

下列引理 3.3.1 中的恒等式（见文献[164]中引理 4.2.2）是文献[6]中恒等式（2.12）的推广，也是文献[189]中恒等式（2.3）与文献[178]中恒等式（4.1）的等价形式. 它在定理 3.3.1 的证明中扮演着重要角色.

引理 3.3.1 设(λ, u)和(λ_h, u_h)分别是式（3.1.3）和式（3.1.6）的第j个特征对. 则下列恒等式成立：

$$\lambda - \lambda_h = a_h(u - u_h, u - u_h) - \lambda_h b(u - u_h, u - u_h) - 2[\lambda_h b(u - I_h u, u_h) - a_h(u - I_h u, u_h)]$$

（3.3.1）

证明： 参见文献[164]中引理 4.2.2 的证明. 为了方便读者，这里将写出证明过程.

由$\| u \|_b = 1 = \| u_h \|_b$，可得

$$a_h(u, u) = \lambda, \, a_h(u_h, u_h) = \lambda_h$$

因此

$$\begin{aligned}
\lambda - \lambda_h &= a_h(u, u) + a_h(u_h, u_h) - 2a_h(u_h, u_h) \\
&= a_h(u, u) + a_h(u_h, u_h) - 2a_h(u, u_h) + 2a_h(u - u_h, u_h) \\
&= a_h(u - u_h, u - u_h) + 2a_h(u - u_h, u_h).
\end{aligned}$$

（3.3.2）

因为

$$b(I_h u - u_h, u_h) = b(I_h u - u, u_h) + b(u - u_h, u_h - \frac{1}{2}u + \frac{1}{2}u),$$

且注意到

$$b(u - u_h, u + u_h) = b(u, u) + b(u, u_h) - b(u_h, u) - b(u_h, u_h)$$

$$= \| u \|_b - \| u_h \|_b = 0,$$

由此可得

$$\lambda_h b(I_h u - u_h, u_h) = \lambda_h b(I_h u - u, u_h) - \frac{1}{2}\lambda_h b(u - u_h, u - u_h),$$

结合该式与式（3.1.6）可推出

$$a_h(u - u_h, u_h) = a_h(u - I_h u, u_h) + a_h(I_h u - u_h, u_h)$$

$$= a_h(u - I_h u, u_h) + \lambda_h b(I_h u - u_h, u_h)$$

$$= a_h(u - I_h u, u_h) + \lambda_h b(I_h u - u, u_h) - \frac{1}{2}\lambda_h b(u - u_h, u - u_h). \quad （3.3.3）$$

将式（3.3.3）代入式（3.3.2），得到式（3.3.1）.

由式（3.2.6）和式（3.2.7）推出

$$\int_{\kappa} \nabla(u - I_h u) \cdot \nabla(u - I_h u)\mathrm{d}x = \int_{\kappa} \nabla(u - I_h u) \cdot \nabla(u - u_h)\mathrm{d}x$$

$$\leqslant |u - I_h u|_{1,\kappa}|u - u_h|_{1,\kappa},$$

则有

$$|u - I_h u|_{1,\kappa} \leqslant |u - u_h|_{1,\kappa}. \quad （3.3.4）$$

用 I_0 表示分片常插值算子，下列引理成立.

引理 3.3.2 对任意 $w \in H^1(\Omega)$ 且 $v \in V_h$，

（1）若 V_h 是 CR 有限元空间，则有

$$\int_{\kappa} \sum_{i,j=1}^{d} I_0\, a_{ij}\frac{\partial(u - I_h u)}{\partial x_i}\frac{\partial u_h}{\partial x_j}\mathrm{d}x = 0; \quad （3.3.5）$$

（2）若 V_h 是其他三种非协调有限元空间之一，假设 $a_{ii} = a_{jj} \neq 0$ 且 $a_{ij} = a_{ji} = 0 (i \neq j)$，则有

$$\int_{\kappa} \sum_{i,j=1}^{d} I_0\, a_{ij}\frac{\partial(u - I_h u)}{\partial x_i}\frac{\partial u_h}{\partial x_j}\mathrm{d}x = 0, \quad （3.3.6）$$

这里 $i, j = 1, 2, \cdots, d$.

证明： 根据算子 I_0 的定义及式（3.2.6），推出式（3.3.5）. 由算子 I_0 的定义及式（3.2.7），推出式（3.3.6）.

现在我们引入下面的公式对非协调有限元特征值近似 λ_h 做校正：

$$\lambda_h^c = \frac{\lambda_h}{1 + \frac{\delta_1}{a_0 \lambda_h} \sum_{\kappa \in \pi_h} \left(\sqrt{d} \left(\int_\kappa \sum_{i,j=1}^d \left((a_{ij} - I_0 a_{ij}) \frac{\partial u_h}{\partial x_j} \right)^2 dx \right)^{\frac{1}{2}} + C_{h_\kappa} \| (\lambda_h \beta - c) u_h \|_{0,\kappa} \right)^2},$$

$$(3.3.7)$$

这里 $\delta_1 > 1$ 是任意给定的常数.

下面，对于变系数二阶椭圆特征值问题，我们将证明无论特征函数是奇异的还是光滑的，校正后的特征值 λ_h^c 从下方收敛到准确特征值.

定理 3.3.1　设 λ_h^c 是由式（3.3.7）所得的校正特征值. 假设引理 3.2.1 和 3.3.2 的条件成立，则有

$$\lambda \geq \lambda_h^c \qquad (3.3.8)$$

证明： 我们分析式（3.3.1）等号的右端项，首先是第一项. 从式（3.1.7）和式（3.1.2），可得

$$a_h(u - u_h, u - u_h) = \sum_{\kappa \in \pi_h} \int_\kappa \left(\sum_{i,j=1}^d a_{ij} \frac{\partial(u - u_h)}{\partial x_i} \frac{\partial(u - u_h)}{\partial x_j} + c(u - u_h)^2 \right) dx$$

$$\geq a_0 \sum_{\kappa \in \pi_h} |u - u_h|_{1,\kappa}^2 + \sum_{\kappa \in \pi_h} \int_\kappa c(u - u_h)^2 dx. \qquad (3.3.9)$$

接下来分析第三项. 由式（3.1.7）和引理 3.3.2 有

$$a_h(u - I_h u, u_h) = \sum_{\kappa \in \pi_h} \int_\kappa \left(\sum_{i,j=1}^d (a_{ij} - I_0 a_{ij}) \frac{\partial(u - I_h u)}{\partial x_i} \frac{\partial u_h}{\partial x_j} \right.$$

$$+ \sum_{i,j=1}^d I_0 a_{ij} \frac{\partial(u - I_h u)}{\partial x_i} \frac{\partial u_h}{\partial x_j} + c(u - I_h u) u_h \bigg) dx$$

$$- \sum_{\kappa \in \pi_h} \int_\kappa \left(\sum_{i,j=1}^d (a_{ij} - I_0 a_{ij}) \frac{\partial(u - I_h u)}{\partial x_i} \frac{\partial u_h}{\partial x_j} + c(u - I_h u) u_h \right) dx,$$

结合 $b(\cdot, \cdot)$ 的定义可推得

$$\lambda_h b(u - I_h u, u_h) - a_h(u - I_h u, u_h)$$

$$= \sum_{\kappa \in \pi_h} \int_\kappa \left((\lambda_h \beta - c)(u - I_h u)u_h - \sum_{i,j=1}^d (a_{ij} - I_0 a_{ij}) \frac{\partial(u - I_h u)}{\partial x_i} \frac{\partial u_h}{\partial x_j} \right) dx.$$

（3.3.10）

由三角不等式，Cauchy-Schwarz 不等式和式（3.2.8），可推出

$$\lambda_h b(u - I_h u, u_h) - a_h(u - I_h u, u_h)$$

$$\leqslant \sum_{\kappa \in \pi_h} \left(\sqrt{d} |u - I_h u|_{1,\kappa} \left\{ \int_\kappa \sum_{i,j=1}^d \left[(a_{ij} - I_0 a_{ij}) \frac{\partial u_h}{\partial x_j} \right]^2 dx \right\}^{\frac{1}{2}} + \| u - I_h u \|_{0,\kappa} \| (\lambda_h \beta - c)u_h \|_{0,\kappa} \right)$$

$$\leqslant \sum_{\kappa \in \pi_h} |u - I_h u|_{1,\kappa} \left(\sqrt{d} \left\{ \int_\kappa \sum_{i,j=1}^d \left[(a_{ij} - I_0 a_{ij}) \frac{\partial u_h}{\partial x_j} \right]^2 dx \right\}^{\frac{1}{2}} + C_{h_\kappa} \| (\lambda_h \beta - c)u_h \|_{0,\kappa} \right),$$

结合 Young's 不等式证得

$$2[\lambda_h b(u - I_h u, u_h) - a_h(u - I_h u, u_h)] \leqslant \frac{a_0}{\delta_1} \sum_{\kappa \in \pi_h} |u - I_h u|_{1,\kappa}^2$$

$$+ \frac{\delta_1}{a_0} \sum_{\kappa \in \pi_h} \left(\sqrt{d} \left\{ \int_\kappa \sum_{i,j=1}^d \left[(a_{ij} - I_0 a_{ij}) \frac{\partial u_h}{\partial x_j} \right]^2 dx \right\}^{\frac{1}{2}} + C_{h_\kappa} \| (\lambda_h \beta - c)u_h \|_{0,\kappa} \right)^2. \quad （3.3.11）$$

由式（3.3.4）、式（3.3.11）、式（3.3.9）和（3.3.1）推出

$$\lambda - \lambda_h \geqslant (1 - \frac{1}{\delta_1})a_0 \sum_{\kappa \in \pi_h} |u - u_h|_{1,\kappa}^2 + \sum_{\kappa \in \pi_h} \int_\kappa c(u - u_h)^2 dx -$$

$$\sum_{\kappa \in \pi_h} \int_\kappa \lambda_h \beta(u - u_h)^2 dx -$$

$$\frac{\delta_1}{a_0} \sum_{\kappa \in \pi_h} \left(\sqrt{d} \left\{ \int_\kappa \sum_{i,j=1}^d \left[(a_{ij} - I_0 a_{ij}) \frac{\partial u_h}{\partial x_j} \right]^2 dx \right\}^{\frac{1}{2}} + C_{h_\kappa} \| (\lambda_h \beta - c)u_h \|_{0,\kappa} \right)^2.$$

为简化后面的证明，令

$$M = \frac{\delta_1}{a_0} \sum_{\kappa \in \pi_h} \left(\sqrt{d} \left\{ \int_\kappa \sum_{i,j=1}^d \left[(a_{ij} - I_0 a_{ij}) \frac{\partial u_h}{\partial x_j} \right]^2 \mathrm{d}x \right\}^{\frac{1}{2}} + C_{h_\kappa} \| (\lambda_h \beta - c) u_h \|_{0,\kappa} \right)^2.$$

则有

$$\lambda - \lambda_h \geqslant (1 - \frac{1}{\delta_1}) a_0 \sum_{\kappa \in \pi_h} | u - u_h |_{1,\kappa}^2 + \sum_{\kappa \in \pi_h} \int_\kappa c (u - u_h)^2 \mathrm{d}x$$

$$- \sum_{\kappa \in \pi_h} \int_\kappa \lambda_h \beta (u - u_h)^2 \mathrm{d}x - \frac{\lambda_h - \lambda}{\lambda_h} M - \frac{\lambda}{\lambda_h} M,$$

这意味着

$$(1 + \frac{1}{\lambda_h} M) \lambda - \lambda_h \geqslant (1 - \frac{1}{\delta_1}) a_0 \sum_{\kappa \in \pi_h} | u - u_h |_{1,\kappa}^2 + \sum_{\kappa \in \pi_h} \int_\kappa c (u - u_h)^2 \mathrm{d}x$$

$$- \sum_{\kappa \in \pi_h} \int_\kappa \lambda_h \beta (u - u_h)^2 \mathrm{d}x - \frac{\lambda_h - \lambda}{\lambda_h} M. \qquad (3.3.12)$$

根据引理 3.2.1 容易知道，当 h 充分小时，式（3.3.12）右端第二及第三项是第一项的高阶无穷小. 现在，只剩下式（3.3.12）右端第四项的分析. 通过插值误差估计可知

$$\| a_{ij} - I_0 a_{ij} \|_{0,\infty,\kappa} \leqslant C h_\kappa \| a_{ij} \|_{1,\infty,\kappa}.$$

注意到 C_{h_κ} 是 h_κ 的同阶无穷小，可导出

$$0 \leqslant M \leqslant C h^2. \qquad (3.3.13)$$

结合上述不等式与式（3.2.2）可知，当 h 充分小时，式（3.3.12）右边第四项是第一项的高阶无穷小. 因此，式（3.3.12）右边的符号由第一项决定，即有

$$(1 + \frac{1}{\lambda_h} M) \lambda - \lambda_h \geqslant 0,$$

由式（3.3.7）可得

$$\lambda_h^c = \frac{\lambda_h}{1 + \frac{1}{\lambda_h} M}. \qquad (3.3.14)$$

从上述两个关系式可得式（3.3.8），证毕.

注 3.3.1   对 ECR 有限元和 EQ_1^{rot} 有限元，若 c 和 β 适当光滑，校正公式（3.3.7）可简化为

$$\lambda_h^c = \frac{\lambda_h}{1 + \dfrac{\delta_1}{a_0 \lambda_h} \sum\limits_{k \in \pi_h} d \int_k \sum\limits_{i,j=1}^{d} \left[(a_{ij} - I_0 a_{ij}) \dfrac{\partial u_h}{\partial x_j} \right]^2 \mathrm{d}x}, \qquad (3.3.15)$$

且这一小节定理中所有结论均成立. 实际上，由式（3.2.5），我们只需将式（3.3.10），重写为

$$\lambda_h b(u - I_h u, u_h) - a_h(u - I_h u, u_h)$$

$$= \sum_{\kappa \in \pi_h} \int_\kappa \left((u - I_h u)\{(\lambda_h \beta - c)u_h - I_0[(\lambda_h \beta - c)u_h]\} - \sum_{i,j=1}^{d} (a_{ij} - I_0 a_{ij}) \frac{\partial(u - I_h u)}{\partial x_i} \frac{\partial u_h}{\partial x_j} \right) \mathrm{d}x,$$

且注意到上述等式右端第一项小于等于 Ch^{2+r}，则校正公式（3.3.15）和这一小节相关的结论都能被推出.

下列定理表明上述所得校正特征值 λ_h^c 与非协调有限元直接解 λ_h 具有相同的收敛阶.

定理 3.3.2   假设定理 3.3.1 的条件成立，则有

$$\lambda - \lambda_h^c = \lambda - \lambda_h + \frac{\lambda_h M}{\lambda_h + M}, \qquad (3.3.16)$$

这里 $|M| \leqslant Ch^2$.

证明： 由 λ_h^c 的定义和 $0 \leqslant M \leqslant Ch^2$ 可知，

$$\lambda - \lambda_h^c = \lambda - \lambda_h + \lambda_h - \frac{\lambda_h}{1 + \dfrac{1}{\lambda_h} M} = \lambda - \lambda_h + \frac{\lambda_h M}{\lambda_h + M}.$$

证毕. □

3.4 数值实验

在本节中，$\lambda_{j,h}^c$ 表示校正 $\lambda_{j,h}$ 后得到的近似特征值. 我们选择区域 Ω 为

$\Omega_S = [0,1]^2$ 和 $\Omega_L = [-1,1]^2 \setminus ([-1,0) \times (0,1])$.

例 3.4.1 考虑二阶椭圆特征值问题:

$$\begin{cases} -\nabla \cdot (A\nabla u) + cu = \lambda \beta u, & \text{在}\Omega\text{内}, \\ \dfrac{\partial u}{\partial \boldsymbol{v}} = 0, & \text{在}\partial\Omega\text{上}, \end{cases} \qquad (3.4.1)$$

这里 $A = \begin{pmatrix} 10\sin^2(10x_1) + 1/6 & -1/12 \\ -1/12 & 10\sin^2(10x_2) + 1/6 \end{pmatrix}$, $c = e^{(x_1 - \frac{1}{2})(x_2 - \frac{1}{2})}$,

$\beta = 1 + (x_1 - \frac{1}{2})(x_2 - \frac{1}{2})$.

对例 3.4.1,文中所考虑的四种非协调有限元的校正方法均是有效的,由于篇幅问题,在此仅考虑用 CR 有限元来求解. 在每个区域上,我们都计算前十个特征值. 由于 Ω_L 上的前十个特征值全部从下方收敛到精确的特征值,因此在此并没有对该区域上的特征值执行校正式(3.3.7). 在 Ω_S 上,为简单起见,在前十个特征值中选择两个特征值近似来执行校正,这两个特征值近似是从上方逼近于准确值的. 由于准确值未知,使用相对精确的特征值 $\lambda_1 \approx 1.0034783861$,$\lambda_6 \approx 46.12639$ 作为 Ω_S 上的参考值. 结果列于表 3.1,误差曲线见图 3.1. 从表 3.1 可看到所计算的 CR 有限元特征值近似从上方收敛到准确特征值,而校正后的特征值从下方收敛到准确特征值,这与定理 3.3.1 的结论相符. 进一步地,从图 3.1 可看到校正后特征值的误差曲线与未校正特征值的误差曲线平行,这表明它们有相同的收敛阶,这与定理 3.3.2 结论一致.

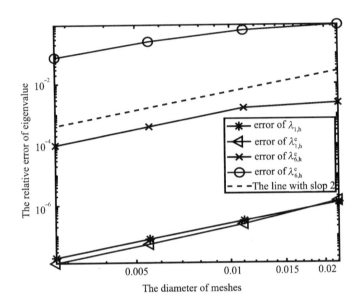

图 3.1　区域 Ω_S 上式（3.4.1）的两特征值个的误差曲线：CR 有限元

表 3.1　区域 Ω_S 上式（3.4.1）的特征值（$\delta_1 = \frac{100}{99}$）：CR 有限元

h	$\lambda_{1,h}$	$\lambda_{1,h}^c$	$\lambda_{6,h}$	$\lambda_{6,h}^c$
$\dfrac{\sqrt{2}}{128}$	1.00347870	1.00347815	46.2003	19.3590
$\dfrac{\sqrt{2}}{256}$	1.00347846	1.00347833	46.1445	34.6864
$\dfrac{\sqrt{2}}{512}$	1.00347841	1.00347837	46.1309	42.6515
Trend	↘	↗	↘	↗

例 3.4.2　考虑二阶椭圆特征值问题：

$$\begin{cases} -\nabla \cdot (a(x)\nabla u) + cu = \lambda\beta u, & \text{在}\,\Omega\,\text{内}, \\ u = 0, & \text{在}\,\partial\Omega\,\text{上}, \end{cases} \quad (3.4.2)$$

这里　$a(x) = 10\sin^2 10(x_1 + x_2) + \frac{1}{6}$，$c = e^{(x_1 - \frac{1}{2})(x_2 - \frac{1}{2})}$，$\beta = 10 + (x_1 - \frac{1}{2})(x_2 - \frac{1}{2})$.

对例 3.4.2，在 Ω_S 和 Ω_L 上，对 ECR，EQ_1^{rot}，Q_1^{rot} 及 CR 有限元，分别选

取两个特征值执行校正. 由于准确值未知，分别用相对精确的值 $\lambda_1 \approx$ 6.22232，$\lambda_2 \approx 11.8923$，$\lambda_3 \approx 17.0879$，和 $\lambda_1 \approx 3.5275$，$\lambda_2 \approx 4.4187$，$\lambda_3 \approx 5.4746$，$\lambda_4 \approx 7.1881$ 作为区域 Ω_S 和 Ω_L 上的参考值. 数值结果列于表 3.2 至表 3.9，误差曲线见图 3.2 至图 3.4. 从表 3.2 至表 3.9 可知，所选择的这四种非协调有限元特征值近似从上方收敛于准确值，而校正后的特征值从下方收敛于准确值，这与理论结果相符. 从图 3.2 至图 3.4 可知校正后特征值和未校正的特征有相同的收敛阶，这与定理 3.3.2 的结果一致.

表 3.2　区域 Ω_S 上式（3.4.2）的特征值（$\delta_1 = 40$）：ECR 有限元

h	$\lambda_{2,h}$	$\lambda_{2,h}^c$	$\lambda_{3,h}$	$\lambda_{3,h}^c$
$\dfrac{\sqrt{2}}{128}$	11.91372	11.87838	17.13006	17.05706
$\dfrac{\sqrt{2}}{256}$	11.89696	11.88967	17.09718	17.08153
$\dfrac{\sqrt{2}}{512}$	11.89339	11.89173	17.09011	17.08648
Trend	↘	↗	↘	↗

表 3.3　区域 Ω_S 上式（3.4.2）的特征值（$\delta_1 = \dfrac{100}{99}$）：$EQ_1^{rot}$ 有限元

h	$\lambda_{1,h}$	$\lambda_{1,h}^c$	$\lambda_{2,h}$	$\lambda_{2,h}^c$
$\dfrac{\sqrt{2}}{128}$	6.24725	5.78236	11.97543	11.03872
$\dfrac{\sqrt{2}}{256}$	6.22853	6.11697	11.91302	11.68449
$\dfrac{\sqrt{2}}{512}$	6.22386	6.19633	11.89745	11.84077
Trend	↘	↗	↘	↗

表 3.4　区域Ω_S上式（3.4.2）的特征值（$\delta_1 = \frac{100}{99}$）：$Q_1^{rot}$有限元

h	$\lambda_{1,h}$	$\lambda_{1,h}^c$	$\lambda_{2,h}$	$\lambda_{2,h}^c$
$\dfrac{\sqrt{2}}{128}$	6.27344	5.35104	12.06639	9.80277
$\dfrac{\sqrt{2}}{256}$	6.23529	5.99650	11.93650	11.32658
$\dfrac{\sqrt{2}}{512}$	6.22557	6.16554	11.90337	11.74832
Trend	↘	↗	↘	↗

表 3.5　区域Ω_S上式（3.4.2）的特征值
（$\lambda_{2,h}^c$, $\delta_1 = 20$；对$\lambda_{3,h}^c$, $\delta_1 = 70$）：CR 有限元

h	$\lambda_{2,h}$	$\lambda_{2,h}^c$	$\lambda_{3,h}$	$\lambda_{3,h}^c$
$\dfrac{\sqrt{2}}{128}$	11.88673	11.87314	17.15322	17.08149
$\dfrac{\sqrt{2}}{256}$	11.88071	11.87994	17.08796	17.08392
$\dfrac{\sqrt{2}}{512}$	11.88844	11.88839	17.08641	17.08617
Trend	↘↗	↗	↘↗	↗

表 3.6　区域Ω_L上式（3.4.2）的特征值（$\delta_1 = 40$）：ECR 有限元

h	$\lambda_{3,h}$	$\lambda_{3,h}^c$	$\lambda_{4,h}$	$\lambda_{4,h}^c$
$\dfrac{\sqrt{2}}{128}$	5.49935	5.43281	7.25791	7.13807
$\dfrac{\sqrt{2}}{256}$	5.47782	5.46715	7.20059	7.18003
$\dfrac{\sqrt{2}}{512}$	5.47516	5.47305	7.19080	7.18657
Trend	↘	↗	↘	↗

表 3.7　区域 Ω_L 上式（3.4.2）的特征值（ $\delta_1 = \frac{100}{99}$ ）：EQ_1^{rot} 有限元

h	$\lambda_{1,h}$	$\lambda_{1,h}^c$	$\lambda_{2,h}$	$\lambda_{2,h}^c$
$\frac{\sqrt{2}}{128}$	3.59111	2.10643	4.56241	2.54584
$\frac{\sqrt{2}}{256}$	3.54416	3.13100	4.45668	3.86004
$\frac{\sqrt{2}}{512}$	3.53167	3.42870	4.42818	4.27548
Trend	↘	↗	↘	↗

表 3.8　区域 Ω_L 上式（3.4.2）的特征值（ $\delta_1 = \frac{100}{99}$ ）：Q_1^{rot} 有限元

h	$\lambda_{1,h}$	$\lambda_{1,h}^c$	$\lambda_{2,h}$	$\lambda_{2,h}^c$
$\frac{\sqrt{2}}{128}$	3.59111	2.10643	4.56241	2.54584
$\frac{\sqrt{2}}{256}$	3.54416	3.13100	4.45668	3.86004
$\frac{\sqrt{2}}{512}$	3.53167	3.42870	4.42818	4.27548
Trend	↘	↗	↘	↗

表 3.9　区域 Ω_L 上式（3.4.2）的特征值

（ 对 $\lambda_{3,h}^c$，$\delta_1 = 30$；对 $\lambda_{4,h}^c$，$\delta_1 = 20$ ）：CR 有限元

h	$\lambda_{3,h}$	$\lambda_{3,h}^c$	$\lambda_{4,h}$	$\lambda_{4,h}^c$
$\frac{\sqrt{2}}{128}$	5.47231	5.30644	7.29258	7.12887
$\frac{\sqrt{2}}{256}$	5.45081	5.44251	7.17865	7.17077
$\frac{\sqrt{2}}{512}$	5.46459	5.46411	7.17916	7.17872
Trend	↘↗	↗	↘↗	↗

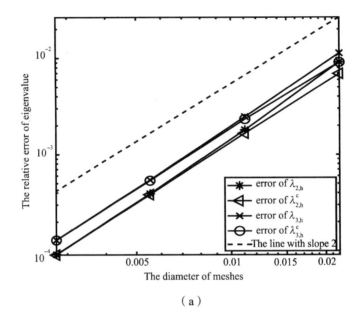

（a）

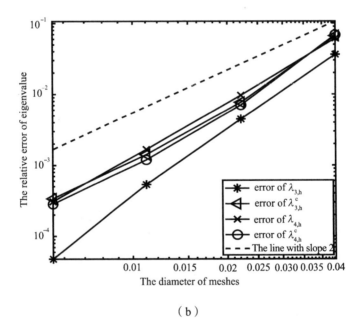

（b）

图 3.2　区域 Ω_S（a）和 Ω_L（b）上式（3.4.2）的

两个特征值的误差曲线：ECR 有限元

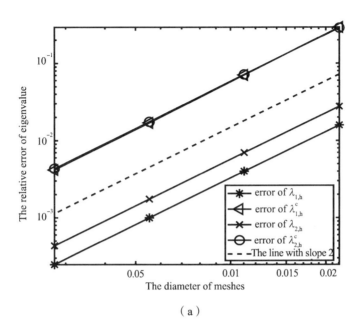

（a）

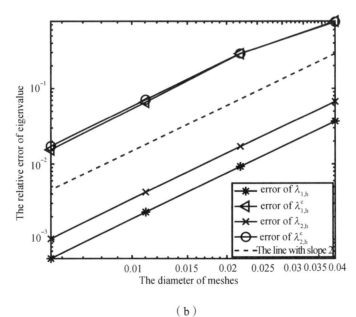

（b）

图 3.3　区域Ω_S（a）和Ω_L（b）上式（3.4.2）的

两个特征值的误差曲线：EQ_1^{rot}有限元

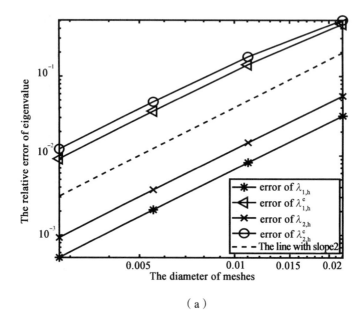

（a）

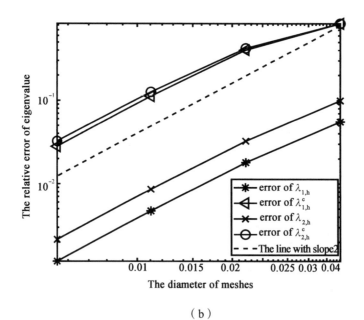

（b）

图 3.4　区域 Ω_S（a）和 Ω_L（b）上式（3.4.2）的

两个特征值的误差曲线：Q_1^{rot} 有限元

4 Stokes特征值问题的渐近下谱界

当动力学行为由 Navier-Stokes 方程控制时，就需要研究 Stokes 特征值问题，这是在非线性动力学由扩散控制时产生的. 研究者们从各个角度去研究 Stokes 特征值问题的数值解（比如，见文献[102，95，60，75，148，171，134，144] 及其引用文献）. 对常系数 Stokes 特征值问题，用 CR，ECR，EQ_1^{rot}以及 Q_1^{rot} 有限元，林群等[94]以及胡俊等[66]研究了离散特征值的渐近下界性质；李有爱[84]以及谢和虎等[153]讨论了特征值的明确下界.

本章将继续使用前一章的思想，对 Stokes 特征值问题非协调有限元近似做校正，从而得到 Stokes 特征值问题的新的渐近下谱界.

4.1 Stokes特征值问题及相关非协调有限元法

设$a(x)$是适当光滑的函数且有正的下界a_0. 考虑 Stokes 特征值问题：

$$\begin{cases} -\nabla \cdot (a(x)\triangledown \boldsymbol{u}) + \nabla p = \lambda \boldsymbol{u}, & \text{在}\Omega\text{内}, \\ \text{div}\boldsymbol{u} = 0, & \text{在}\Omega\text{内}, \\ \boldsymbol{u} = 0, & \text{在}\partial\Omega\text{上}, \\ \int_\Omega \boldsymbol{u}^2 \, \mathrm{d}x = 1, \end{cases} \quad (4.1.1)$$

这里$\boldsymbol{u} = (u_1, u_2, \cdots, u_d)$是流体速度，$p$是压力.

对于 Stokes 特征值问题，选取解空间为$\boldsymbol{V} = \left[H_0^1(\Omega)\right]^d$且$W = L_0^2(\Omega)$. 对于向量函数$\boldsymbol{u}$，表示范数及半范数如下：

$$\|\boldsymbol{u}\|_{1,\kappa} = \left(\sum_{i=1}^d \|u_i\|_{1,\kappa}^2\right)^{\frac{1}{2}}; \quad |\boldsymbol{u}|_{1,\kappa} = \left(\sum_{i=1}^d |u_i|_{1,\kappa}^2\right)^{\frac{1}{2}}; \quad \|\boldsymbol{u}\|_{0,\kappa} = \left(\sum_{i=1}^d \|u_i\|_{0,\kappa}^2\right)^{\frac{1}{2}}$$

$$\|\boldsymbol{u}\|_h = \left(\sum_{\kappa \in \pi_h} \|\boldsymbol{u}\|_{1,\kappa}^2\right)^{\frac{1}{2}}; \quad \|\boldsymbol{u}\|_{0,\Omega} = \left(\sum_{\kappa \in \pi_h} \|\boldsymbol{u}\|_{0,\kappa}^2\right)^{\frac{1}{2}}.$$

式（4.1.1）的弱形式是：求 $(\lambda, \boldsymbol{u}, p) \in \mathbb{R} \times \boldsymbol{V} \times W$ 且 $\|\boldsymbol{u}\|_{0,\Omega} = 1$，使得

$$a(\boldsymbol{u}, \boldsymbol{v}) + s(\boldsymbol{v}, p) = \lambda b(\boldsymbol{u}, \boldsymbol{v}), \quad \forall \boldsymbol{v} \in \boldsymbol{V}, \tag{4.1.2}$$

$$s(\boldsymbol{u}, q) = 0, \qquad \qquad \forall q \in W. \tag{4.1.3}$$

这里

$$a(\boldsymbol{u}, \boldsymbol{v}) = \int_\Omega a(x)\nabla\boldsymbol{u} \cdot \nabla\boldsymbol{v}\mathrm{d}x = \int_\Omega a(x)\sum_{i=1}^d \nabla u_i \cdot \nabla v_i \mathrm{d}x, \tag{4.1.4}$$

$$s(\boldsymbol{v}, q) = -\int_\Omega \mathrm{div}\,\boldsymbol{v}q\mathrm{d}x, \tag{4.1.5}$$

$$b(\boldsymbol{u}, \boldsymbol{v}) = \int_\Omega \boldsymbol{u} \cdot \boldsymbol{v}\mathrm{d}x = \int_\Omega \sum_{i=1}^d u_i v_i \mathrm{d}x. \tag{4.1.6}$$

设 f 是相应于式（4.1.1）的源问题的右边，而且 $(\boldsymbol{\varphi}_f, \psi_f)$ 是源问题的解. 假设下列正则性估计成立：对任意 $f \in [L^2(\Omega)]^d$，有 $(\boldsymbol{\varphi}_f, \psi_f) \in [H^{1+r}(\Omega)]^d \times H^r(\Omega)$，且存在正常数 C 使得对某些依赖于 Ω 和式（4.1.1）系数的 $r \in (0,1]$，满足

$$\|\boldsymbol{\varphi}_f\|_{1+r} + \|\psi_f\|_r \leqslant C\|f\|_0.$$

本章依然使用前一章关于空间 V_h 的定义. 则选取有限元 $\boldsymbol{V}_h = (V_h)^d$，且定义 W_h 如下：

$$W_h := \{q \in L^2(\Omega): q|_\kappa \in \mathrm{span}\{1\}, \forall\ \kappa \in \pi_h\}$$

式（4.1.2）至式（4.1.3）的非协调有限元近似是：求 $(\lambda_h, \boldsymbol{u}_h, p_h) \in \mathbb{R} \times \boldsymbol{V}_h \times W_h$，$\|\boldsymbol{u}_h\|_{0,\Omega} = 1$，使得

$$a_h(\boldsymbol{u}_h, \boldsymbol{v}_h) + s_h(\boldsymbol{v}_h, p_h) = \lambda_h b(\boldsymbol{u}_h, \boldsymbol{v}_h), \forall \boldsymbol{v}_h \in \boldsymbol{V}_h, \tag{4.1.7}$$

$$s_h(\boldsymbol{u}_h, q_h) = 0, \forall q_h \in W_h, \tag{4.1.8}$$

这里

$$a_h(\boldsymbol{u_h}, \boldsymbol{v_h}) = \sum_{\kappa \in \pi_h} \int_\kappa a(x)\nabla \boldsymbol{u_h} \cdot \nabla \boldsymbol{v_h} \mathrm{d}x = \sum_{\kappa \in \pi_h} \int_\kappa a(x) \sum_{i=1}^{d} \nabla u_{h_i} \cdot \nabla v_{h_i} \mathrm{d}x, \quad (4.1.9)$$

$$s_h(\boldsymbol{v_h}, q_h) = -\sum_{\kappa \in \pi_h} \int_\kappa \operatorname{div} \boldsymbol{v_h} q_h \mathrm{d}x. \quad (4.1.10)$$

定义插值算子 $\boldsymbol{I_h}: \boldsymbol{V} \to \boldsymbol{V_h}$ 满足

$$\int_e \boldsymbol{I_h u} \,\mathrm{d}s = \int_e \boldsymbol{u} \,\mathrm{d}s, \quad \forall e \in \varepsilon_h, \quad \boldsymbol{u} \in \boldsymbol{V}. \quad (4.1.11)$$

从式（3.2.6）和式（3.2.7）可知可知 $\boldsymbol{I_h}$ 有下列性质：对每个单元 $\kappa \in \pi_h$，有

$$\int_\kappa \nabla(\boldsymbol{u} - \boldsymbol{I_h u}) \cdot \nabla \boldsymbol{v_h} \mathrm{d}x = 0, \quad \forall \boldsymbol{v_h} \in \boldsymbol{V_h}. \quad (4.1.12)$$

4.2 非协调元解的误差估计及Poincaré不等式

对 Stokes 特征值问题，文献[10，107，11]给出了混合有限元近似的理论分析.且该特征值近似有下列误差估计[10,107,25,57,95,116,94].

引理 4.2.1 设 $(\lambda_h, \boldsymbol{u_h}, p_h)$ 是式（4.1.7）至式（4.1.8）的第 j 个特征对，λ 是式（4.1.2）至式（4.1.3）的第 j 个特征值. 当 h 充分小时，存在 $\boldsymbol{u} \in [H_0^{1+r}(\Omega)]^d$ 使得

$$\|\boldsymbol{u_h} - \boldsymbol{u}\|_{0,\Omega} + h^r \|\boldsymbol{u} - \boldsymbol{u_h}\|_h \leqslant Ch^{2r}, \quad (4.2.1)$$

$$|\lambda_h - \lambda| \leqslant Ch^{2r}. \quad (4.2.2)$$

引理 4.2.2 对某单元 κ，下列结论成立：

$$\|\boldsymbol{u} - \boldsymbol{I_h u}\|_{0,\kappa} \leqslant C_{h_\kappa} |\boldsymbol{u} - \boldsymbol{I_h u}|_{1,\kappa}, \quad \forall \boldsymbol{u} \in \boldsymbol{V}, \quad (4.2.3)$$

参考引理 3.2.2 和 3.2.3 可求得 C_{h_κ}.

4.3 Stokes特征值问题的渐近下谱界

本节将分别对特征值问题式（3.1.6）和式（4.1.7）至式（4.1.8）的非协调元解引入一个校正，且将证明校正后特征值的下界性质.

这一小节将给出 Stokes 特征值问题的一种校正方法并证明校正后特征值近似 的渐近下界性质. 下列引理 4.3.1 中的恒等式是文献[94]中恒等式（11）的等价形式. 它在定理 4.3.1 的证明中扮演重要角色.

引理 4.3.1 令$(\lambda, \boldsymbol{u}, p)$和$(\lambda_h, \boldsymbol{u}_h, p_h)$分别是式（4.1.2）至式（4.1.3）和式（4.1.7）至式（4.1.8）的第j个特征对，则下列恒等式成立：

$$\lambda - \lambda_h = a_h(\boldsymbol{u} - \boldsymbol{u}_h, \boldsymbol{u} - \boldsymbol{u}_h) - \lambda_h b(\boldsymbol{u} - \boldsymbol{u}_h, \boldsymbol{u} - \boldsymbol{u}_h) + 2a_h(\boldsymbol{u} - I_h\boldsymbol{u}, \boldsymbol{u}_h)$$
$$\qquad -2\lambda_h b(\boldsymbol{u} - I_h\boldsymbol{u}, \boldsymbol{u}_h). \qquad (4.3.1)$$

证明： 由$\| \boldsymbol{u} \|_{0,\Omega} = 1 = \| \boldsymbol{u}_h \|_{0,\Omega}$，可得

$$a_h(\boldsymbol{u}, \boldsymbol{u}) + s_h(\boldsymbol{u}, p) = \lambda, \quad a_h(\boldsymbol{u}_h, \boldsymbol{u}_h) + s_h(\boldsymbol{u}_h, p_h) = \lambda_h.$$

在式（4.1.3）和式（4.1.8）中分别令$q = p$，$q_h = p_h$，则

$$s_h(\boldsymbol{u}, p) = 0, \quad s_h(\boldsymbol{u}_h, p_h) = 0,$$

从上述四个等式推出

$$a_h(\boldsymbol{u}, \boldsymbol{u}) = \lambda, \quad a_h(\boldsymbol{u}_h, \boldsymbol{u}_h) = \lambda_h.$$

相似于式（3.3.2），我们推出

$$\lambda - \lambda_h = a_h(\boldsymbol{u} - \boldsymbol{u}_h, \boldsymbol{u} - \boldsymbol{u}_h) + 2a_h(\boldsymbol{u} - \boldsymbol{u}_h, \boldsymbol{u}_h). \qquad (4.3.2)$$

由$b(I_h\boldsymbol{u} - \boldsymbol{u}_h, \boldsymbol{u}_h) = b(I_h\boldsymbol{u} - \boldsymbol{u}, \boldsymbol{u}_h) + b(\boldsymbol{u} - \boldsymbol{u}_h, \boldsymbol{u}_h - \frac{1}{2}\boldsymbol{u} + \frac{1}{2}\boldsymbol{u})$得

$$\lambda_h b(I_h\boldsymbol{u} - \boldsymbol{u}_h, \boldsymbol{u}_h) = \lambda_h b(I_h\boldsymbol{u} - \boldsymbol{u}, \boldsymbol{u}_h) - \frac{1}{2}\lambda_h b(\boldsymbol{u} - \boldsymbol{u}_h, \boldsymbol{u} - \boldsymbol{u}_h). \qquad (4.3.3)$$

由 Green 公式，式（4.1.3）和式（4.1.8）导出

$$s_h(I_h\boldsymbol{u} - \boldsymbol{u}_h, p_h) = s_h(I_h\boldsymbol{u} - \boldsymbol{u}, p_h) + s_h(\boldsymbol{u} - \boldsymbol{u}_h, p_h) = 0 + 0 = 0. \qquad (4.3.4)$$

根据式（4.1.7），式（4.3.3）和式（4.3.4）可得

$$a_h(\boldsymbol{u} - \boldsymbol{u}_h, \boldsymbol{u}_h) = a_h(\boldsymbol{u} - I_h\boldsymbol{u}, \boldsymbol{u}_h) + a_h(I_h\boldsymbol{u} - \boldsymbol{u}_h, \boldsymbol{u}_h)$$

$$= a_h(\boldsymbol{u} - I_h\boldsymbol{u}, \boldsymbol{u}_h) + \lambda_h b(I_h\boldsymbol{u} - \boldsymbol{u}_h, \boldsymbol{u}_h) - s_h(I_h\boldsymbol{u} - \boldsymbol{u}_h, p_h)$$

$$= a_h(\boldsymbol{u} - \boldsymbol{I}_h\boldsymbol{u}, \boldsymbol{u}_h) + \lambda_h b(\boldsymbol{I}_h\boldsymbol{u} - \boldsymbol{u}, \boldsymbol{u}_h) - \frac{1}{2}\lambda_h b(\boldsymbol{u} - \boldsymbol{u}_h, \boldsymbol{u} - \boldsymbol{u}_h). \qquad (4.3.5)$$

将式（4.3.5）代入式（4.3.2），得到式（4.3.1）.

由式（4.1.12）可知

$$\int_\kappa \nabla(\boldsymbol{u} - \boldsymbol{I}_h\boldsymbol{u}) \cdot \nabla(\boldsymbol{u} - \boldsymbol{I}_h\boldsymbol{u})\mathrm{d}x = \int_\kappa \nabla(\boldsymbol{u} - \boldsymbol{I}_h\boldsymbol{u}) \cdot \nabla(\boldsymbol{u} - \boldsymbol{u}_h)\mathrm{d}x \leqslant |\boldsymbol{u} - \boldsymbol{I}_h\boldsymbol{u}|_{1,\kappa}|\boldsymbol{u} - \boldsymbol{u}_h|_{1,\kappa},$$

则

$$|\boldsymbol{u} - \boldsymbol{I}_h\boldsymbol{u}|_{1,\kappa} \leqslant |\boldsymbol{u} - \boldsymbol{u}_h|_{1,\kappa}. \qquad (4.3.6)$$

设$(\lambda, \boldsymbol{u}, p)$是式（4.1.2）、式（4.1.3）的特征对，且$(\lambda_h, \boldsymbol{u}_h, p_h)$是相应的非协调有限元近似.引入下列公式对特征值近似λ_h进行校正：

$$\lambda_h^c = \frac{\lambda_h}{1 + \frac{1}{\lambda_h}\left(\frac{\xi_1}{a_0}\sum_{\kappa\in\pi_h}\|[a(x) - I_0 a(x)]\nabla\boldsymbol{u}_h\|_{0,\kappa}^2 + \frac{\xi_2}{a_0}\sum_{\kappa\in\pi_h}C_{h_\kappa}^2\lambda_h^2\|\boldsymbol{u}_h\|_{0,\kappa}^2\right)},$$

$$\qquad (4.3.7)$$

这里$\xi_1 > 1$且$\xi_2 > 1$是满足$\frac{1}{\xi_1} + \frac{1}{\xi_2} < 1$的任意给定常数. 注意到当$a(x)$是常数或分片常数时，$\xi_1$的值对$\lambda_h^c$不产生影响. 在此情况下，只需要$\xi_2 > 1$是任意给定常数.

现在，我们将证明校正后特征值近似λ_h^c从下方收敛于准确值，该结论没有特征函数是奇异或特征值问题是常系数的限制.

定理 4.3.1 设λ_h^c是由式（4.3.7）所得的校正特征值. 假设引理 4.2.1 的条件成立，则有

$$\lambda \geqslant \lambda_h^c. \qquad (4.3.8)$$

证明： 下面将对式（4.3.1）等号右端项进行分析. 首先，有

$$a_h(\boldsymbol{u} - \boldsymbol{u}_h, \boldsymbol{u} - \boldsymbol{u}_h) = \sum_{\kappa\in\pi_h}\int_\kappa a(x)\nabla(\boldsymbol{u} - \boldsymbol{u}_h) \cdot \nabla(\boldsymbol{u} - \boldsymbol{u}_h)\mathrm{d}x \geqslant a_0\sum_{\kappa\in\pi_h}|\boldsymbol{u} - \boldsymbol{u}_h|_{1,\kappa}^2.$$

$$\qquad (4.3.9)$$

由式（4.1.9）和式（4.1.12）可得

$$a_h(u - I_h u, u_h) = \sum_{\kappa \in \pi_h} \int_\kappa (a(x) - I_0 a(x)) \nabla(u - I_h u) \cdot \nabla u_h \mathrm{d}x.$$

根据 Cauchy-Schwarz 不等式，则有

$$a_h(u - I_h u, u_h) \leqslant \sum_{\kappa \in \pi_h} \| \nabla(u - I_h u) \|_{0,\kappa} \| (a(x) - I_0 a(x)) \nabla u_h \|_{0,\kappa},$$

该式与 Young's 不等式结合，推出

$$2 a_h(u - I_h u, u_h) \leqslant \frac{a_0}{\xi_1} \sum_{\kappa \in \pi_h} |u - I_h u|_{1,\kappa}^2 + \frac{\xi_1}{a_0} \sum_{\kappa \in \pi_h} \| [a(x) - I_0 a(x)] \nabla u_h \|_{0,\kappa}^2.$$

（4.3.10）

由 $b(\cdot, \cdot)$ 的定义，Cauchy-Schwarz 不等式及式（4.2.3），推出

$$b(u - I_h u, u_h) \leqslant \sum_{\kappa \in \pi_h} \| u - I_h u \|_{0,\kappa} \| u_h \|_{0,\kappa} \leqslant \sum_{\kappa \in \pi_h} C_{h_\kappa} |u - I_h u|_{1,\kappa} \| u_h \|_{0,\kappa},$$

该式与 Young's 不等式结合，导出

$$2 \lambda_h b(u - I_h u, u_h) \leqslant \frac{a_0}{\xi_2} \sum_{\kappa \in \pi_h} |u - I_h u|_{1,\kappa}^2 + \frac{\xi_2}{a_0} \sum_{\kappa \in \pi_h} C_{h_\kappa}^2 \lambda_h^2 \| u_h \|_{0,\kappa}^2. \quad （4.3.11）$$

由式（4.3.6），式（4.3.9），式（4.3.10），式（4.3.11）和式（4.3.1），推出

$$\lambda - \lambda_h \geqslant (1 - \frac{1}{\xi_1} - \frac{1}{\xi_2}) a_0 \sum_{\kappa \in \pi_h} |u - u_h|_{1,\kappa}^2 - \lambda_h \| u - u_h \|_{0,\Omega}^2$$

$$- \frac{\xi_1}{a_0} \sum_{\kappa \in \pi_h} \| (a(x) - I_0 a(x)) \nabla u_h \|_{0,\kappa}^2 - \frac{\xi_2}{a_0} \sum_{\kappa \in \pi_h} C_{h_\kappa}^2 \lambda_h^2 \| u_h \|_{0,\kappa}^2.$$

为简化后面的证明，令

$$M = \frac{\xi_1}{a_0} \sum_{\kappa \in \pi_h} \| (a(x) - I_0 a(x)) \nabla u_h \|_{0,\kappa}^2 + \frac{\xi_2}{a_0} \sum_{\kappa \in \pi_h} C_{h_\kappa}^2 \lambda_h^2 \| u_h \|_{0,\kappa}^2.$$

则

$$\lambda - \lambda_h \geqslant (1 - \frac{1}{\xi_1} - \frac{1}{\xi_2}) a_0 \sum_{\kappa \in \pi_h} |u - u_h|_{1,\kappa}^2 - \lambda_h \| u - u_h \|_{0,\Omega}^2 - \frac{\lambda_h - \lambda}{\lambda_h} M - \frac{\lambda}{\lambda_h} M.$$

这意味着

$$(1+\frac{1}{\lambda_h}M)\lambda - \lambda_h \geqslant (1-\frac{1}{\xi_1}-\frac{1}{\xi_2})a_0 \sum_{\kappa\in\pi_h} |u-u_h|_{1,\kappa}^2 - \lambda_h \parallel u-u_h \parallel_{0,\Omega}^2 - \frac{\lambda_h-\lambda}{\lambda_h}M.$$

（4.3.12）

根据式（4.2.1）易知，当 h 充分小时，式（4.3.12）右端第二项是第一项的高阶无穷小.使用类似于式（3.3.13）的论证，可推出

$$0 \leqslant M \leqslant Ch^2.$$

（4.3.13）

从上述不等式和式（4.2.2）可知当 h 充分小时，式（4.3.12）右端第三项是第一项的高阶无穷小. 因此，式（4.3.12）右端符号由第一项决定，即

$$(1+\frac{1}{\lambda_h}M)\lambda - \lambda_h \geqslant 0.$$

从式（4.3.7）得到

$$\lambda_h^c = \frac{\lambda_h}{1+\frac{1}{\lambda_h}M}.$$

（4.3.14）

结合上述两个关系式，我们推出式（4.3.8），证毕.

类似于前一章，对 Stokes 特征值问题可以得到下列定理，以表明上述所得校正特征值 λ_h^c 与非协调有限元直接解 λ_h 具有相同的收敛阶.

定理 4.3.2 假设定理 4.3.1 的条件成立，则有

$$\lambda - \lambda_h^c = \lambda - \lambda_h + \frac{\lambda_h M}{\lambda_h + M},$$

这里 $|M| \leqslant Ch^2$.

4.4 数值实验

在本节中，$\lambda_{j,h}^c$ 表示校正 $\lambda_{j,h}$ 后得到的近似特征值.对 Stokes 特征值问题，我们选择区域 Ω 为 $\Omega_S = [0,1]^2$ 和 $\Omega_L = [-1,1]^2 \setminus ((0,1)\times(0,1))$.

例 4.4.1 计算下列 Stokes 特征值问题:

$$\begin{cases} -\nabla \cdot (\nabla \boldsymbol{u}) + \nabla p = \lambda \boldsymbol{u}, & \text{在}\Omega\text{内}, \\ \operatorname{div} \boldsymbol{u} = 0, & \text{在}\Omega\text{内}, \\ \boldsymbol{u} = 0, & \text{在}\partial\Omega\text{上}, \\ \displaystyle\int_{\Omega} \boldsymbol{u}^2 \, \mathrm{d}x = 1. \end{cases} \qquad (4.4.1)$$

由于篇幅限制，这里只给出 $a(x) = 1$ 时用 Q_1^{rot} 元计算的 Stokes 特征值问题的实验结果. 文献[94]讨论了 Stokes 特征值问题非协调元解的渐近下界性质并给出了 Ω_S 和 Ω_L 上前六个特征值的数值结果. 这里仍然计算前十个特征值，并选择其中的两个进行校正. 我们使用式（4.3.7） 得到了新的近似特征值. 由于准确值未知，这里分别用 $\lambda_2 \approx 92.1244$，$\lambda_5 \approx 154.125$，和 $\lambda_7 \approx 70.6329$，$\lambda_9 \approx 83.434$ 作为 Ω_S 和 Ω_L 上的参考值. 数值结果列于表 4.1 和表 4.2 中. 误差曲线绘在图 4.1 中.

从表 4.1 和表 4.2 可看到，所选择的特征值从上方收敛于准确值，而校正后的特征值从下方收敛于准确值，这与定理 4.3.1 结果一致. 从图 4.1 可知校正后特征值的误差曲线与未校正的特征值误差曲线平行，这表明它们有相同的收敛阶，这与定理 3.3.2 的结果一致.

表 4.1　区域 Ω_S 上式（4.4.1）的特征值（$\xi_2 = \frac{100}{99}$ ）：Q_1^{rot} 有限元

h	$\lambda_{2,h}$	$\lambda_{2,h}^c$	$\lambda_{5,h}$	$\lambda_{5,h}^c$
$\dfrac{\sqrt{2}}{64}$	92.1337	89.4795	154.2186	146.9237
$\dfrac{\sqrt{2}}{128}$	92.1267	91.4486	154.1488	152.2597
$\dfrac{\sqrt{2}}{256}$	92.1250	91.9545	154.1313	153.6547
Trend	↘	↗	↘	↗

表 4.2　区域 Ω_{L} 上式（4.4.1）的特征值（$\xi_2 = \frac{100}{99}$）：Q_1^{rot} 有限元

h	$\lambda_{7,h}$	$\lambda_{7,h}^c$	$\lambda_{9,h}$	$\lambda_{9,h}^c$
$\dfrac{\sqrt{2}}{64}$	70.6461	64.7548	83.5251	75.4132
$\dfrac{\sqrt{2}}{128}$	70.6355	69.0649	83.4533	81.2697
$\dfrac{\sqrt{2}}{256}$	70.6333	70.2340	83.4376	82.8810
Trend	↘	↗	↘	↗

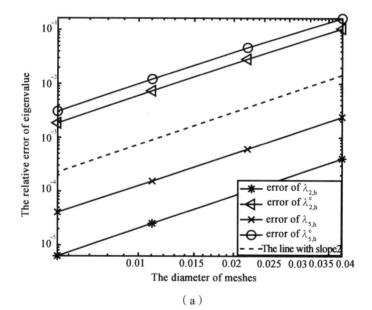

（a）

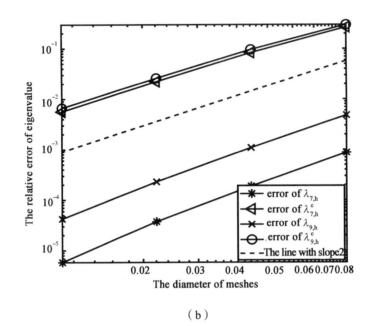

（b）

图 4.1 区域Ω_S（a）和Ω_L（b）上式（4.4.1）的

两个特征值的误差曲线:Q_1^{rot}有限元

5 Steklov特征值问题的渐近下谱界

从文献[79]可知，当相应的特征函数奇异或特征值足够大时，CR 有限元法给出了古典 Steklov 特征值问题的渐近下谱界. 从文献[180]可知，通过对 CR 有限元特征值近似进行后处理，能获得古典 Steklov 特征值问题的明确下谱界. 需要注意的是，该工作会降低近似值的收敛阶.

基于前两章的工作和单元上的迹不等式，本章将进一步研究 Steklov 特征值问题近似解的下界性质，包括变系数 Steklov 特征值问题和反散射中 Steklov 特征值问题的渐近下谱界. 旨在确保不损失收敛阶的同时，移除非协调 CR 元求下界所要求的特征函数奇异或特征值足够大这一条件限制，同时移除 ECR 元求下界要求对特征值问题是常系数的条件.

5.1 特征值问题及其相关非协调有限元方法

在这一章中，Ω的维数是$d = 2$ 或 3，解空间为$V = H^1(\Omega)$，且非协调有限元空间V_h是第 2 章中所定义的V_h^{CR}或V_h^{ECR}. 首先考虑下列特征值问题.

5.1.1 变系数Steklov特征值问题及其非协调有限元离散

考虑以下变系数 Steklov 特征值问题:

$$\begin{cases} -\text{div}(\alpha\nabla u) + \beta u = 0, & \text{在}\Omega\text{内}, \\ \alpha\dfrac{\partial u}{\partial \mathbf{v}} = \lambda u, & \text{在}\partial\Omega\text{上}, \end{cases} \qquad (5.1.1)$$

这里$\beta = \beta(x) \in L^\infty(\Omega)$有正的下界，$\alpha = \alpha(x) \in W^{1,\infty}(\Omega)$；且对某一给定的常数$\alpha_0 > 0$，有$\alpha_0 \leqslant \alpha(x)$.

式（5.1.1）的弱形式可写为：求$(\lambda, u) \in \mathbb{R} \times V$，$\|u\|_{0,\partial\Omega} = 1$，使得

$$a(u,v) = \lambda b(u,v), \qquad \forall v \in V, \tag{5.1.2}$$

这里

$$a(u,v) = \int_{\Omega} (\alpha \nabla u \cdot \nabla v + \beta uv)\mathrm{d}x, \tag{5.1.3}$$

$$b(u,v) = \int_{\partial\Omega} u\,v\,\mathrm{d}s. \tag{5.1.4}$$

式（5.1.2）的非协调有限元近似是：求$(\lambda_h, u_h) \in \mathbb{R} \times V_h$，$\| u_h \|_{0,\partial\Omega} = 1$，使得

$$a_h(u_h,v) = \lambda_h b(u_h,v), \qquad \forall v \in V_h, \tag{5.1.5}$$

这里

$$a_h(u_h,v) = \sum_{\kappa \in \pi_h} \int_{\kappa} (\alpha \nabla u_h \cdot \nabla v + \beta u_h v)\mathrm{d}x. \tag{5.1.6}$$

5.1.2　反散射中Steklov特征值问题及其相关非协调有限元离散

考虑下列反散射中 Steklov 特征值问题：

$$\begin{cases} \Delta u + k^2 n(x)u = 0, & \text{在}\Omega\text{内}, \\ \dfrac{\partial u}{\partial \boldsymbol{v}} = -\mu u, & \text{在}\partial\Omega\text{上}, \end{cases} \tag{5.1.7}$$

这里k是波数，散射指数$n(x) \in L^{\infty}(\Omega)$是一个正的实函数. 将特征值表示为$\lambda = -\mu$.

问题（5.1.7）的弱形式可写为：求$(\lambda, u) \in \mathbb{R} \times V$且$\| u \|_{0,\partial\Omega} = 1$，使得

$$a(u,v) = \lambda b(u,v), \qquad \forall v \in V, \tag{5.1.8}$$

这里

$$a(u,v) = \int_{\Omega} (\nabla u \cdot \nabla v - k^2 n(x)uv)\mathrm{d}x. \tag{5.1.9}$$

定义V_h上范数为

$$\| v \|_h = \left(\sum_{\kappa \in \pi_h} \| v \|_{1,\kappa}^2 \right)^{\frac{1}{2}}.$$

式（5.1.8）的 CR 有限元近似为：求$(\lambda_h, u_h) \in \mathbb{R} \times V_h$，$\|u_h\|_{0,\partial\Omega} = 1$，使得

$$a_h(u_h, v) = \lambda_h b(u_h, v), \qquad \forall v \in V_h, \qquad （5.1.10）$$

这里

$$a_h(u_h, v) = \sum_{\kappa \in \pi_h} \int_\kappa \left[\nabla u_h \cdot \nabla v - k^2 n(x) u_h v \right] dx. \qquad （5.1.11）$$

5.2 非协调元解的误差估计及迹不等式

从文献[125]中的定理 4 和文献[56]中的附注 2.1，可得下列正则性结果.

正则性：假设φ是与（5.1.2）相关的带有右端为f的源问题的解，

- 在$\Omega \subset \mathbb{R}^2$的情况下，若$f \in L^2(\partial\Omega)$，则存在常数$r$和$C_r > 0$，使得$\varphi \in H^{1+r}(\Omega)$且

$$\|\varphi\|_{1+\frac{r}{2}} \leqslant C_r \| f \|_{0,\partial\Omega};$$

若$f \in H^{\frac{1}{2}}(\partial\Omega)$，则$\varphi \in H^{1+r}(\Omega)$，且

$$\|\varphi\|_{1+r} \leqslant C_r \| f \|_{\frac{1}{2},\partial\Omega},$$

这里，当Ω的最大内角θ满足$\theta < \pi$时，$r = 1$；当$\theta > \pi$时，$r < \frac{\pi}{\theta}$可以任意接近$\frac{\pi}{\theta}$.

- 在$\Omega \subset \mathbb{R}^3$的情况下，若$f \in L^2(\partial\Omega)$，则存在常数$r \in (0, \frac{1}{2})$和$C_r > 0$，使得$\varphi \in H^{1+r}(\Omega)$且

$$\|\varphi\|_{1+r} \leqslant C_r \|f\|_{0,\partial\Omega},$$

这里，C_r是与f无关的正则性常数.

引理 5.2.1 设(λ_h, u_h)是式（5.1.5）的第j个特征对，λ是式（5.1.2）的第j个特征值. 存在一个相应于λ的特征函数u，当$u \in H^{1+t}(\Omega)$以及h充分小时，有

$$\|u_h - u\|_h \leqslant Ch^t, \qquad （5.2.1）$$

$$|\lambda_h - \lambda| \leqslant Ch^{2t}, \qquad （5.2.2）$$

$$\|u - u_h\|_{0,\partial\Omega} \leqslant Ch^s \| u - u_h\|_h, \qquad （5.2.3）$$

$$\| u - u_h \|_{0,\Omega} \leqslant Ch^s \| u - u_h \|_h, \tag{5.2.4}$$

这里 $r \leqslant t \leqslant 1$，若 $\Omega \subset \mathbb{R}^2$，$s = \frac{r}{2}$；若 $\Omega \subset \mathbb{R}^3$，$s = r$．当 $t < 1$ 时，称特征函数 u 是奇异的．

证明： 使用非协调有限元误差估计的标准论证，式（5.2.1）、式（5.2.2）和式（5.2.4）能直接证得．这三个估计也已由文献[123]中的定理 2.2，文献[56]中的定理 2.6 和文献[176]中的引理 5 给出．现在，我们将证明式（5.2.3）．

为了证明该误差估计，定义与式（5.1.2）的源问题相关的解算子 $A: L^2(\partial\Omega) \to V$ 满足

$$a(Af, v) = b(f, v), \qquad \forall v \in V,$$

以及 $T: L^2(\partial\Omega) \to L^2(\partial\Omega)$ 满足

$$Tf = (Af)',$$

这里撇号 "'" 表示到 $\partial\Omega$ 的限制，即 $Tf = Af|_{\partial\Omega}$．

相似地，分别定义相应于 A 和 T 的离散版本 A_h 和 T_h．$A_h: L^2(\partial\Omega) \to V_h$ 满足

$$a_h(A_h f, v) = b(f, v), \qquad \forall v \in V_h,$$

以及 $T_h: L^2(\partial\Omega) \to L^2(\partial\Omega)$ 满足

$$T_h f = (A_h f)'.$$

由 Nitsche 技巧[也见文献[170]中式（2.13）]，导出

$$\| Tu - T_h u \|_{0,\partial\Omega} = \| Au - A_h u \|_{0,\partial\Omega} \leqslant Ch^s \| Au - A_h u \|_h.$$

从文献[178]中式（2.7）和式（2.8）（也见文献[79]中引理 3.1），有

$$\| u - u_h \|_h = \lambda \| Au - A_h u \|_h + R,$$

$$\| u - u_h \|_{0,\partial\Omega} \leqslant C \| Tu - T_h u \|_{0,\partial\Omega},$$

这里 $|R| \leqslant C \| Tu - T_h u \|_{0,\partial\Omega}$．

由上述三个关系式可直接得到估计式（5.2.3）．

单元上的 Poincaré 不等式在前一章已给出，这里我们将介绍单元上的迹不等式．Crouzeix-Raviart 插值算子 $I_h: V \to V_h$ 由式（3.2.4）定义．由式（3.2.6），则有算子 I_h 的直交性质，即对每个单元 $\kappa \in \pi_h$ 有

$$\int_\kappa \nabla(u - I_h u) \cdot \nabla v_h \mathrm{d}x = \int_{\partial\kappa} (u - I_h u)\nabla v_h \cdot \boldsymbol{v}\mathrm{d}s = 0, \qquad \forall v_h \in V_h. \qquad (5.2.5)$$

考虑顶点为 P_1，P_2，$\cdots,P_{d+1}$ 的任意三角形单元 κ. 用 e 表示顶点 P_{d+1} 的对边/面. e 的测度是 $|e|$. H_κ 是单元 κ 相对于 e 的高. 易知 $H_\kappa = \frac{d|\kappa|}{|e|}$. 由文献[31]中引理 2 和文献[180]中定理 3.3，则有下列引理 5.2.2.

引理 5.2.2 对一个给定单元 κ，有

$$\| u - I_h u\|_{0,e} \leqslant C_{h_e} |u - I_h u|_{1,\kappa}, \qquad \forall u \in H^1(\kappa), \qquad (5.2.6)$$

这里

- 对 $\mathbb{R}^2$ 中三角形单元 κ，$C_{h_e} = 0.6711\frac{h_k}{\sqrt{H_k}}$
- 对 $\mathbb{R}^3$ 中的四面体单元 κ，$C_{h_e} = 1.0932\frac{h_\kappa}{\sqrt{H_\kappa}}$.

证明： 在文献[180]中定理 3.3 可找到该证明. 为方便阅读，这里将 $d = 3$ 时的证明再写一次.

对任意 $v \in H^1(\kappa)$ 及 κ 中任意点 $x = (x_1, x_2, x_3)$，由 Green 公式可得

$$\int_\kappa [(x_1, x_2, x_3) - P_4] \cdot \nabla(v^2)\mathrm{d}x = \int_{\partial\kappa} [(x_1, x_2, x_3) - P_4] \cdot \boldsymbol{v}v^2\mathrm{d}s - \int_\kappa 3\,v^2\mathrm{d}x.$$

$$(5.2.7)$$

由此可知

$$[(x_1, x_2, x_3) - P_4] \cdot \boldsymbol{v} = \begin{cases} 0, & \forall x \in P_1P_2P_4, \quad P_1P_3P_4, \quad P_2P_3P_4, \\ \dfrac{3|\kappa|}{|e|}, & \forall x \in P_1P_2P_3. \end{cases} \qquad (5.2.8)$$

将式（5.2.8）代入式（5.2.7），得到

$$\frac{3|\kappa|}{|e|}\int_e v^2\,\mathrm{d}s = \int_\kappa 3\,v^2\mathrm{d}x + \int_\kappa [(x_1, x_2, x_3) - P_4] \cdot \nabla(v^2)\mathrm{d}x$$

$$\leqslant 3\int_\kappa v^2\,\mathrm{d}x + \int_\kappa |(x_1, x_2, x_3) - P_4||\nabla(v^2)|\mathrm{d}x$$

$$\leqslant 3\int_\kappa v^2\,\mathrm{d}x + 2h_\kappa\int_\kappa |v||\nabla v|\mathrm{d}x$$

$$\leqslant 3 \parallel v \parallel_{0,\kappa}^2 + 2h_\kappa \parallel v \parallel_{0,\kappa} \parallel \nabla v \parallel_{0,\kappa}.$$

取 $v = u - I_h u$，并利用估计式（3.2.8）推出

$$\parallel u - I_h u \parallel_{0,e}^2 \leqslant \frac{|e|}{3|\kappa|} (3C_{h_\kappa}^2 + 2h_\kappa C_{h_\kappa}) |u - I_h u|_{1,\kappa}^2,$$

这意味着当 $\Omega \subset \mathbb{R}^3$ 时式（5.2.6）成立.

5.3 特征值问题的渐近下谱界

由于 $\parallel \cdot \parallel_b = \parallel \cdot \parallel_{0,\partial\Omega}$，实际上对本章所讨论的问题而言，使用与引理 3.3.1 一样的论证，可得到下列引理 5.3.1. 该引理中的恒等式是文献[79]中恒等式（4.1）的等价形式.

引理 5.3.1 设 (λ, u) 和 (λ_h, u_h) 分别是式（5.1.2）和式（5.1.5）的特征对，则下式成立：

$$\lambda - \lambda_h = a_h(u - u_h, u - u_h) - \lambda_h b(u - u_h, u - u_h) - 2a_h(I_h u - u, u_h)$$
$$- 2\lambda_h b(u - I_h u, u_h). \tag{5.3.1}$$

5.3.1 变系数Steklov特征值问题的渐近下谱界

本节对问题（5.1.2）的近似特征值引入校正公式（5.3.2），而且我们将证明校正后的特征值从下方收敛于准确值，这一结论的成立不受特征函数奇异及特征值足够大的限制.

设 (λ, u) 是式（5.1.2）的特征对，且 (λ_h, u_h) 是相应的 CR 有限元特征对近似. 我们引入下列公式来对 CR 有限元近似 λ_h 进行校正：

$$\lambda_h^c = \frac{\lambda_h}{1 + \frac{1}{\lambda_h} M}, \tag{5.3.2}$$

这里

$$M = \frac{\delta}{\alpha_0} \sum_{\kappa \in \pi_h} \left(\parallel (\alpha - I_0 \alpha) \nabla u_h \parallel_{0,\kappa} + C_{h_\kappa} \parallel \beta u_h \parallel_{0,\kappa} \right)^2, \tag{5.3.3}$$

且$\delta > 1$是任意给定的常数.

由插值误差估计可知

$$\| \alpha - I_0\alpha \|_{0,\infty,\kappa} \leqslant Ch_\kappa \| \alpha \|_{1,\infty,\kappa}. \qquad (5.3.4)$$

注意到$Ch_{k_\kappa} = Ch_\kappa$，则推出

$$0 \leqslant M \leqslant Ch^2. \qquad (5.3.5)$$

实际计算中，如果不能确定特征函数是否奇异或特征值是否足够大的话，则不能保证λ_h是λ的下界. 现在我们将证明校正后的特征值λ_h^c是准确值的渐近下界，且这一结果的成立不受奇异性和大特征值条件的限制.

定理 5.3.1　设λ_h^c是由式（5.3.2）所得的校正后的特征值. 假设引理 5.2.1 的条件成立，并且$\| u - u_h \|_h \geqslant Ch^{1+\varepsilon_0}(\varepsilon_0 = \min\{\frac{1}{4},\frac{t}{2}\})$. 当$h$充分小时,有下列结论:

$$\lambda \geqslant \lambda_h^c. \qquad (5.3.6)$$

证明：现在估计式（5.3.1）等号右边四项中的每一项. 因为$\alpha \geqslant \alpha_0$，对第一项有

$$a_h(u - u_h, u - u_h) \geqslant \sum_{\kappa \in \pi_h}\left[\alpha_0|u - u_h|_{1,\kappa}^2 + \int_\kappa \beta (u - u_h)^2 \mathrm{d}x \right]. \qquad (5.3.7)$$

从式（5.2.3），对第二项有

$$\lambda_h b(u - u_h, u - u_h) = \lambda_h \| u - u_h \|_{0,\partial\Omega}^2 \leqslant Ch^{2s} \| u - u_h \|_h^2. \qquad (5.3.8)$$

现在估计第三项. 从式（5.2.5），可得

$$a_h(I_hu - u, u_h) = \sum_{\kappa \in \pi_h}\int_\kappa [(\alpha - I_0\alpha)\nabla(I_hu - u) \cdot \nabla u_h + I_0\alpha\nabla(I_hu - u) \cdot \nabla u_h +$$

$$\beta(I_hu - u)u_h]\mathrm{d}x$$

$$= \sum_{\kappa \in \pi_h}\int_\kappa [(\alpha - I_0\alpha)\nabla(I_hu - u) \cdot \nabla u_h + \beta(I_hu - u)u_h]\mathrm{d}x.$$

$$(5.3.9)$$

由 Schwarz's 不等式和式（5.2.6），并结合式（3.3.4），推出

$$a_h(I_hu - u, u_h) \leqslant \sum_{\kappa \in \pi_h}\left(|u - I_hu|_{1,\kappa} \| (\alpha - I_0\alpha)\nabla u_h \|_{0,\kappa} + \| u - I_hu \|_{0,\kappa} \| \beta u_h \|_{0,\kappa} \right)$$

$$\leqslant \sum_{\kappa \in \pi_h} |u - I_h u|_{1,\kappa} \left(\| (\alpha - I_0 \alpha) \nabla u_h \|_{0,\kappa} + C_{h_\kappa} \| \beta u_h \|_{0,\kappa} \right)$$

$$\leqslant \sum_{\kappa \in \pi_h} |u - u_h|_{1,\kappa} \left(\| (\alpha - I_0 \alpha) \nabla u_h \|_{0,\kappa} + C_{h_\kappa} \| \beta u_h \|_{0,\kappa} \right).$$

结合 Young's 不等式可得

$$2a_h(I_h u - u, u_h) \leqslant \frac{\alpha_0}{\delta} \sum_{\kappa \in \pi_h} |u - u_h|_{1,\kappa}^2 + \frac{\delta}{\alpha_0} \sum_{\kappa \in \pi_h} \left[\| (\alpha - I_0 \alpha) \nabla u_h \|_{0,\kappa} + C_{h_\kappa} \| \beta u_h \|_{0,\kappa} \right]^2.$$

$$(5.3.10)$$

剩下的是估计最后一项. 在后面的证明中，我们引入 $\partial \Omega$ 上的分段常数插值算子 I_0^b. 从式（3.2.4）、Schwarz's 不等式、式（5.2.6）、插值误差估计、迹不等式和式（3.3.4），可得

$$b(u - I_h u, u) = \sum_{e \in \varepsilon_h \cap \partial \Omega} \int_e \left[(u - I_h u)(u - I_0^b u) + (u - I_h u) I_0^b u \right] \mathrm{d}s$$

$$\leqslant \sum_{e \in \varepsilon_h \cap \partial \Omega} \| u - I_h u \|_{0,e} \| u - I_0^b u \|_{0,e}$$

$$\leqslant C h^{\min\{1, \frac{1}{2} + t\}} \left(\sum_{\kappa \in \pi_h, e \in \partial \kappa \cap \partial \Omega} C_{h_e}^2 |u - I_h u|_{1,\kappa}^2 \right)^{\frac{1}{2}}$$

$$\leqslant C h^{1 + 2\varepsilon_0} \left(\sum_{\kappa \in \pi_h} |u - u_h|_{1,\kappa}^2 \right)^{\frac{1}{2}},$$

这里 $\varepsilon_0 = \min\left\{\frac{1}{4}, \frac{t}{2}\right\}$. 结合 $\| u - u_h \|_h \geqslant C h^{1 + \varepsilon_0}$ 推出

$$b(u - I_h u, u) \leqslant C h^{\varepsilon_0} \| u - u_h \|_h^2.$$

$$(5.3.11)$$

从 Schwarz's 不等式、式（5.2.6）、式（5.2.3）和式（3.3.4），推出

$$b(u - I_h u, u_h - u) \leqslant \sum_{e \in \varepsilon_h \cap \partial \Omega} \| u - I_h u \|_{0,e} \| u_h - u \|_{0,e}$$

$$\leqslant Ch^{\frac{1}{2}}\left(\sum_{\kappa\in\pi_h}|u-I_hu|^2_{1,\kappa}\right)^{\frac{1}{2}}h^s\|u_h-u\|_h$$

$$\leqslant Ch^{\frac{1}{2}+s}\|u_h-u\|^2_h. \tag{5.3.12}$$

结合式（5.3.11）和式（5.3.12），推出

$$2\lambda_h b(u-I_hu,u_h)\leqslant Ch^{\varepsilon_0}\|u_h-u\|^2_h. \tag{5.3.13}$$

将式（5.3.7）、式（5.3.8）、式（5.3.10）、式（5.3.13）代入式（5.3.1），推出

$$\lambda-\lambda_h\geqslant(1-\frac{1}{\delta})\alpha_0\sum_{\kappa\in\pi_h}|u-u_h|^2_{1,\kappa}+\sum_{\kappa\in\pi_h}\int_\kappa\beta\,(u-u_h)^2\mathrm{d}x-Ch^{2s}\|u-u_h\|^2_h-$$

$$\frac{\delta}{\alpha_0}\sum_{\kappa\in\pi_h}(\|(\alpha-I_0\alpha)\nabla u_h\|_{0,\kappa}+C_{h_\kappa}\|\beta u_h\|_{0,\kappa})^2-Ch^{\varepsilon_0}\|u_h-u\|^2_h. \tag{5.3.14}$$

根据M的定义，可得

$$(1+\frac{1}{\lambda_h}M)\lambda-\lambda_h\geqslant(1-\frac{1}{\delta})\alpha_0\sum_{\kappa\in\pi_h}|u-u_h|^2_{1,\kappa}$$

$$+\sum_{\kappa\in\pi_h}\int_\kappa\beta\,(u-u_h)^2\mathrm{d}x-Ch^{2s}\|u-u_h\|^2_h$$

$$-Ch^{\varepsilon_0}\|u_h-u\|^2_h-\frac{\lambda_h-\lambda}{\lambda_h}M. \tag{5.3.15}$$

显然地，当 h 充分小时，式（5.3.15）不等号右端第三和第四项均是前两项和的高阶无穷小. 从式（5.3.5）、式（5.2.2）和$\|u-u_h\|_h\geqslant Ch^{1+\varepsilon_0}$，可得

$$\left|\frac{\lambda_h-\lambda}{\lambda_h}M\right|\leqslant Ch^{2+2t}\leqslant Ch^t h^{2+t}\leqslant Ch^t\|u-u_h\|^2_h,$$

这是一个高阶量. 因此式（5.3.15）右端符号由前两项的和决定，即有

$$(1 + \frac{1}{\lambda_h} M)\lambda - \lambda_h \geqslant 0.$$

从式（5.3.3）可知式（5.3.6）成立. 证毕.

注 5.3.1　定理 5.3.1 中 $\| u - u_h \|_h$ 的下界条件是必要的，否则证明不成立. 在文献[6]的定理 2.3 中使用了条件 $\| u - u_h \|_h \geqslant Ch^t$. 它在拟一致网格上是成立的，但在局部加密的自适应网格上不成立. 因此，为了使定理 5.3.1 的结论适用于形状正则网格，包括拟一致网格和局部加密的自适应网格，我们使用了条件 $\| u - u_h \|_h \geqslant Ch^{1+\varepsilon_0}(\varepsilon_0 = \min\{\frac{1}{4}, \frac{t}{2}\})$，而不是 $\| u - u_h \|_h \geqslant Ch^t$. 有一些关于自适应算法的文献也讨论了这种假设的合理性（比如，见文献 [177]中（2.33）和注 2.1）.

注 5.3.2　（ECR 有限元特征值近似的校正）.

设 (λ_h, u_h) 是由 ECR 元所得的式（5.1.2）的近似特征对且 $\beta \in W^{1,\infty}(\Omega)$. 假设条件 $\| u - u_h \|_h \geqslant Ch^{1+\varepsilon_0}$ 成立. 紧跟用于证明定理 5.3.1 的论证，当 h 充分小时，也能得到类似的校正

$$\lambda_h^c = \frac{\lambda_h}{1 + \frac{\delta}{\lambda_h \alpha_0}\sum_{\kappa \in \pi_h} \| (\alpha - I_o \alpha)\nabla u_h \|_{0,\kappa}^2}$$

使得

$$\lambda \geqslant \lambda_h^c,$$

且 λ_h^c 保持与 λ_h 相同的收敛阶.

实际上，在整个证明过程中，只需要将（5.3.9）中的第二项替换为

$$\sum_{\kappa \in \pi_h} \int_\kappa \beta(u - I_h u)u_h \mathrm{d}x = \sum_{\kappa \in \pi_h} \int_\kappa (u - I_h u)[\beta u_h - I_0(\beta u_h)]\mathrm{d}x$$

$$\leqslant C \sum_{\kappa \in \pi_h} h_\kappa^2 |u - I_h u|_{1,\kappa} \| \beta u_h \|_{1,\kappa},$$

这是一个高阶量. 由此即可得到想要的结论.

5.3.2　反散射中Steklov特征值问题的渐近下谱界

接下来的分析可知特征值的渐近上界是易得的. 设(λ, u)是式（5.1.8）的准确特征对，且$(\tilde{\lambda}_h, \tilde{u}_h)$是相应的协调有限元近似. 由文献[11]中引理9.1和式（5.1.9）有

$$\tilde{\lambda}_h - \lambda = a(\tilde{u}_h - u, \tilde{u}_h - u) - \lambda b(\tilde{u}_h - u, \tilde{u}_h - u)$$

$$= \int_{\Omega} [\nabla(\tilde{u}_h - u) \cdot \nabla(\tilde{u}_h - u) - k^2 n(x)(\tilde{u}_h - u)^2] \mathrm{d}x - \lambda \parallel \tilde{u}_h - u \parallel_{0, \partial\Omega}.$$

当h充分小时，上式等号右端第二、三两项均是第一项的高阶无穷小，因此得到特征值的渐近上界.

5.3.2.1　非协调元解的下界性质

接下来将证明在特征函数奇异的情况下，问题（5.1.8）的 CR 有限元特征值近似从下方收敛到准确值. 此外，我们还将证明 ECR 有限元提供特征值的渐近下界.

定理 5.3.2　设(λ, u)和(λ_h, u_h)分别是式（5.1.8）和式（5.1.10）的特征对. 假设引理 5.2.1 的条件成立且 $\parallel u - u_h \parallel_h \geqslant Ch^{1+\varepsilon_0} (\varepsilon_0 = \min\left\{\frac{1}{4}, \frac{t}{2}\right\})$ ，则有

$$\lambda - \lambda_h \geqslant (1 - \frac{1}{\delta}) \sum_{\kappa \in \pi_h} |u - u_h|_{1, \kappa}^2 - k^2 \sum_{\kappa \in \pi_h} \int_\kappa n(x)(u - u_h)^2 \mathrm{d}x - \lambda_h \parallel u - u_h \parallel_{0, \partial\Omega}^2$$

$$-\delta k^4 \sum_{\kappa \in \pi_h} C_{h_\kappa}^2 \parallel n(x) u_h \parallel_{0, \kappa}^2 - Ch^{\varepsilon_0} \parallel u_h - u \parallel_h^2. \qquad （5.3.16）$$

证明：根据式（5.1.11）有

$$a_h(u - u_h, u - u_h) = \sum_{\kappa \in \pi_h} |u - u_h|_{1, \kappa}^2 - k^2 \sum_{\kappa \in \pi_h} \int_\kappa n(x)(u - u_h)^2 \mathrm{d}x. \quad （5.3.17）$$

由式（5.2.5），Schwarz's 不等式和式（5.2.6）推出

$$|a_h(u - I_h u, u_h)| = \left| \sum_{\kappa \in \pi_h} \int_\kappa [\nabla(u - I_h u) \cdot \nabla u_h - k^2 n(x)(u - I_h u) u_h] \mathrm{d}x \right|$$

$$\leqslant k^2 \sum_{\kappa \in \pi_h} \| u - I_h u \|_{0,\kappa} \| n(x) u_h \|_{0,\kappa}$$

$$\leqslant k^2 \sum_{\kappa \in \pi_h} C_{h_\kappa} | u - I_h u |_{1,\kappa} \| n(x) u_h \|_{0,\kappa},$$

该式与 Young's 不等式结合得

$$|2a_h(u - I_h u, u_h)| \leqslant \frac{1}{\delta} \sum_{\kappa \in \pi_h} | u - I_h u |_{1,\kappa}^2 + \delta k^4 \sum_{\kappa \in \pi_h} C_{h_\kappa}^2 \| n(x) u_h \|_{0,\kappa}^2. \quad （5.3.18）$$

对于反散射中的 Steklov 特征值问题，不等式（5.3.13）仍然成立.

$$|2\lambda_h b(u - I_h u, u_h)| \leqslant Ch^{\varepsilon_0} \| u_h - u \|_h^2. \quad （5.3.19）$$

因此，由式（5.3.1）、式（5.3.17）、式（3.3.4）、式（5.3.18）和式（5.3.13）可得式（5.3.16）. 证毕.

根据定理 5.3.2，易证得当特征函数奇异时 CR 有限元特征值的渐近下界性质.

推论 5.3.1 假设定理 5.3.2 的条件成立. 当式（5.1.8）的特征函数 u 奇异时，如果 h 足够小，则有

$$\lambda \geqslant \lambda_h.$$

证明： 当特征函数 u 是奇异的，根据饱和条件（例如，见文献[68，96]）可知

$$\sum_{\kappa \in \pi_h} | u - u_h |_{1,\kappa}^2 \geqslant Ch^{2r_0} \quad (r < r_0 < 1).$$

因此式（5.3.16）不等号右端第四项是第一项的高阶无穷小. 由式（5.2.3）和式（5.2.4）可知右端第二，三项是第一项高阶的无穷小. 显然地，最后一项也是第一项的高阶小量.因此 $\lambda - \lambda_h$ 的正负由式（5.3.16）右端第一项决定，即有推论成立.

定理 5.3.3 （ECR 元特征值近似的下界性质）.

设 (λ_h, u_h) 是由 ECR 元求式（5.1.8）所得的近似特征对.$n(x) \in W^{1,\infty}(\Omega)$. 假设引理 5.2.1 的条件成立且 $\| u - u_h \|_h \geqslant Ch^{1+\varepsilon_0}$（$\varepsilon_0 = \min\left\{\frac{1}{4}, \frac{t}{2}\right\}$），则有

$$\lambda \geqslant \lambda_h. \qquad (5.3.20)$$

证明： 实际上，证明过程仅与（5.3.18）略有不同，即

$$2|a_h(u - I_h u, u_h)| = \left| 2 \sum_{\kappa \in \pi_h} \int_\kappa k^2 n(x)(u - I_h u) u_h \mathrm{d}x \right|$$

$$= \left| 2 \sum_{\kappa \in \pi_h} \int_\kappa k^2 (u - I_h u)\{n(x)u_h - I_0(n(x)u_h)\}\mathrm{d}x \right|$$

$$\leqslant 2 \sum_{\kappa \in \pi_h} \| u - I_h u \|_{0,\kappa} \| n(x)u_h - I_0(n(x)u_h) \|_{0,\kappa}$$

$$\leqslant \frac{1}{\delta} \sum_{\kappa \in \pi_h} | u - I_h u |_{1,\kappa}^2 + \delta k^4 \sum_{\kappa \in \pi_h} C_{h_\kappa}^2 \| n(x)u_h - I_0(n(x)u_h) \|_{0,\kappa}^2$$

显然，无论特征函数是否奇异，上式右端第二项都是决定项 $\sum_{k \in \pi_h} | u - u_h |_{1,\kappa}^2$

的高阶小量. 剩下的证明与定理 5.3.2 的论证一样. 由此推出式（5.3.20）.

5.3.2.2 校正特征值的下界性质

现在，我们将引入 CR 有限元特征值近似的校正公式，并证明无论特征函数是否奇异，校正后的特征值都是准确值的渐近下界.

设 (λ, u) 是式（5.1.8）的特征对，且 (λ_h, u_h) 是相应的 CR 有限元特征对近似. CR 元特征值的校正公式如下：

$$\lambda_h^c = \frac{\lambda_h}{1 + \frac{1}{\lambda_h} \delta k^4 \sum_{\kappa \in \pi_h} C_{h_\kappa}^2 \| n(x)u_h \|_{0,\kappa}^2}, \qquad (5.3.21)$$

当 h 充分小时，下列假设是成立的：

$$(A1): \frac{1}{|\lambda_h|} \delta k^4 \sum_{\kappa \in \pi_h} C_{h_\kappa}^2 \| n(x)u_h \|_{0,\kappa}^2 < 1.$$

定理 5.3.4 假设引理 5.2.1 的条件和假设（A1）成立. λ_h^c 是由式（5.3.21）所得的校正后的特征值，当 h 充分小时有

$$\lambda \geqslant \lambda_h^c. \qquad (5.3.22)$$

证明：表示 $M = \delta k^4 \sum\limits_{k \in \pi_h} C_{h_k}^2 \parallel n(x)u_h \parallel_{0,\kappa}^2$ ，则式（5.3.16）可写为：

$$\lambda - \lambda_h \geqslant (1 - \frac{1}{\delta}) \sum_{\kappa \in \pi_h} |u - u_h|_{1,\kappa}^2 - k^2 \sum_{\kappa \in \pi_h} \int_{\kappa} n(x)(u - u_h)^2 dx - \lambda_h \parallel u - u_h \parallel_{0,\partial\Omega}^2$$

$$- Ch^{\varepsilon_0} \parallel u_h - u \parallel_h^2 - \frac{\lambda_h - \lambda}{\lambda_h} M - \frac{\lambda}{\lambda_h} M,$$

进而可知

$$(1 + \frac{1}{\lambda_h} M)\lambda - \lambda_h \geqslant (1 - \frac{1}{\delta}) \sum_{\kappa \in \pi_h} |u - u_h|_{1,\kappa}^2 - k^2 \sum_{\kappa \in \pi_h} \int_{\kappa} n(x)(u - u_h)^2 dx -$$

$$\lambda_h \parallel u - u_h \parallel_{0,\partial\Omega}^2 - Ch^{\varepsilon_0} \parallel u_h - u \parallel_h^2 - \frac{\lambda_h - \lambda}{\lambda_h} M. \quad （5.3.23）$$

根据式（5.2.3）和式（5.2.4）可知上述不等式右端第二、第三和第四项是第一项的高阶无穷小. 因为 $C_{h_\kappa} = Ch_\kappa$，由此可得

$$0 \leqslant M \leqslant Ch^2. \quad （5.3.24）$$

结合式（5.3.24）和式（5.2.2）可知式（5.3.23）右边的第五项是第一项高阶的无穷小. 因此，式（5.3.23）右端的正负由第一项决定，即

$$(1 + \frac{1}{\lambda_h} M)\lambda \geqslant \lambda_h.$$

设 $\lambda_h^c = \dfrac{\lambda_h}{1 + \dfrac{1}{\lambda_h} \delta k^4 \sum\limits_{k \in \pi_h} C_{h_k}^2 \parallel n(x)u_h \parallel_{0,k}^2} = \dfrac{\lambda_h}{1 + \frac{1}{\lambda_h} M}$. 若 $\lambda_h > 0$，则式（5.3.22）显然成

立；若 $\lambda_h < 0$，根据假设（A1），即可证得不等式（5.3.22）. 证毕.

下列定理表明校正后的特征值 λ_h^c 与非协调有限元近似 λ_h 具有相同的收敛阶.

定理 5.3.5 假设定理 5.3.1（或定理 5.3.4）条件成立，则有

$$\lambda - \lambda_h^c = \lambda - \lambda_h + \frac{\lambda_h M}{\lambda_h + M}, \quad （5.3.25）$$

这里，$|M| \leqslant Ch^2$.

证明： 使用定理 3.3.2 相似的证明即可证得所要结论.

注 5.3.3 根据式（5.3.14）[或式（5.3.16）]和 M 的定义，我们还可以得到另

一个校正公式

$$\lambda_h^N = \lambda_h - M.$$

而且λ_h^N仍然是特征值的渐近下界. 此外，还可直接得到

$$\lambda - \lambda_h^N = \lambda - \lambda_h + M,$$

这表明λ_h^N收敛于λ并保持与λ_h相同的收敛阶. 然而，从下式

$$(\lambda - \lambda_h^c) - (\lambda - \lambda_h^N) = \frac{\lambda_h M}{\lambda_h + M} - M = -\frac{M^2}{\lambda_h + M} \leqslant 0,$$

可知当网格尺寸足够小时，λ_h^N的误差比λ_h^c更大.

5.4　数值实验

为研究误差，我们使用外推法给出特征值的参考值. h_0表示区域的直径且$t(s)$表示在最细的网格上计算特征值所耗的 CPU 时间.

5.4.1　变系数Steklov特征值问题的数值结果

5.4.1.1　$\Omega \subset \mathbb{R}^2$上的数值结果

计算区域选为$\Omega_S = (0,1)^2$（$h_0 = \sqrt{2}$），$\Omega_L = (-1,1)^2 \setminus ([0,1) \times (-1,0])$（$h_0 = 2\sqrt{2}$）和$\Omega_H$（$h_0 = 2$）.

例 5.4.1　当 $\alpha = \beta = 1$ 时，或当 $\alpha = 10\sin^2(x_1 + x_2) + \frac{1}{6}$，$\beta = e^{(x_1 - \frac{1}{2})(x_2 - \frac{1}{2})}$时，在区域$\Omega_S$，$\Omega_L$和$\Omega_H$上计算问题（5.1.1）的近似特征值.

对例 5.4.1，我们用公式（5.3.2）来对 CR 非协调有限元特征值近似$\lambda_{1,h}$进行校正，以得到新的下界$\lambda_{1,h}^c$. 为与本章渐近下界的计算结果作比较，我们也利用文献中给出的公式$\lambda_{1,h}^G = \frac{\lambda_{1,h}}{1 + \lambda_{1,h} C_h^2}$来计算明确下界$\lambda_{1,h}^G$. 这里，$C_h = 0.6711 \max\limits_{\kappa \in \pi_h^b} \frac{h_\kappa}{\sqrt{H_\kappa}} + \frac{0.1893}{\sqrt{\lambda_{1,h}}} \max\limits_{\kappa \in \pi_h} h_\kappa$，$\pi_h^b$是有一条边在边界上的单元的集合. 误差曲线见图 5.1 至图 5.3. 渐近下界结果$\lambda_{1,h}^c$列在表 5.1 和 5.2 中，明确下界

$\lambda_{1,h}^G$ 列于表 5.3. 从图 5.1 至图 5.3 可见，在每个区域上，$\lambda_{1,h}^c$ 和 $\lambda_{1,h}$ 的误差曲线几乎平行于斜率为 2 的直线，这表明 $\lambda_{1,h}^c$ 和 $\lambda_{1,h}$ 有相同的而且是最优的收敛阶 $O(h^2)$，这一结果与定理 5.3.5 的结论相符. 然而 $\lambda_{1,h}^G$ 的误差曲线斜率几乎为 1，这意味着其收敛阶为 $O(h)$，达不到最优收敛阶. 此外，可以认为相应于 λ_1 的特征函数是光滑的. 从表 5.1 和 5.2，一方面我们看到 $\lambda_{1,h}$ 从上方收敛于 λ_1 而校正后的特征值 $\lambda_{1,h}^c$ 从下方收敛于 λ_1，这表明当相应特征函数光滑时，校正公式（5.3.2）仍能提供特征值的下界. 这一结果与定理的结论相符；另一方面，在每个区域上，计算 $\lambda_{1,h}^c$ 的 CPU 时间与计算 $\lambda_{1,h}$ 的几乎相同，这说明该校正不耗时.

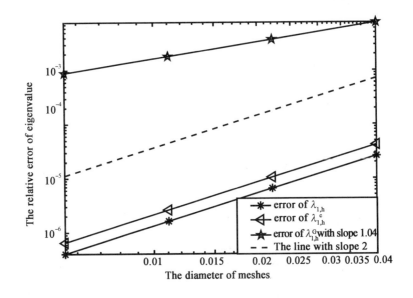

（a）

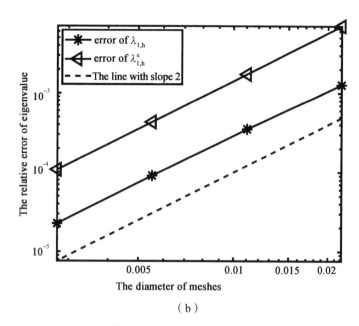

（b）

图 5.1　区域 Ω_S 上第一个特征值的误差曲线：例 5.4.1，$\alpha = \beta = 1$（a）；$\alpha = 10\sin^2(x_1 + x_2) + \frac{1}{6}$，$\beta = e^{(x_1 - \frac{1}{2})(x_2 - \frac{1}{2})}$（b）

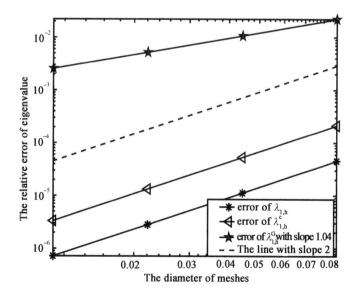

（a）

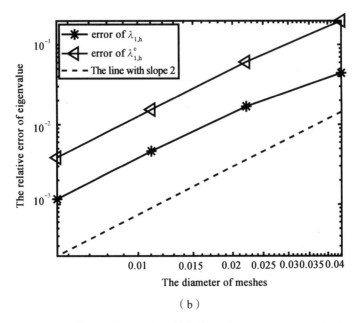

（b）

图 5.2　区域 Ω_L 上第一个特征值的误差曲线：例 5.4.1, $\alpha = \beta = 1$（a）；$\alpha = 10\sin^2(x_1 + x_2) + \frac{1}{6}$, $\beta = e^{(x_1 - \frac{1}{2})(x_2 - \frac{1}{2})}$（b）

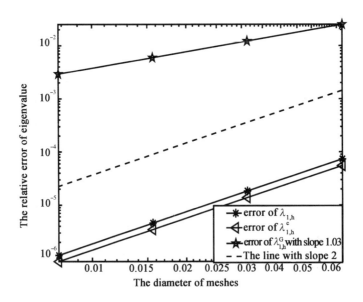

（a）

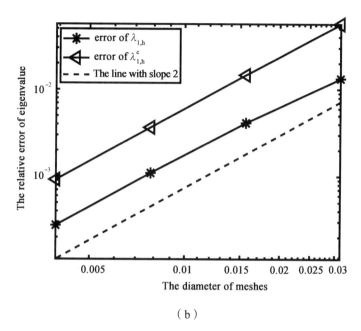

（b）

图 5.3　区域Ω_H上第一个特征值的误差曲线：例 5.4.1, $\alpha = \beta = 1$（a）；$\alpha = 10\sin^2(x_1 + x_2) + \frac{1}{6}$, $\beta = e^{(x_1 - \frac{1}{2})(x_2 - \frac{1}{2})}$（b）

表5.1　区域$\Omega \subset \mathbb{R}^2$上未校正的特征值和校正后的特征值：例5.4.1，$\alpha = \beta = 1$，$\delta = \frac{100}{99}$

区域	Ω_S		Ω_L		Ω_H	
h	$\lambda_{1,h}$	$\lambda_{1,h}^c$	$\lambda_{1,h}$	$\lambda_{1,h}^c$	$\lambda_{1,h}$	$\lambda_{1,h}^c$
$\frac{h_0}{32}$	0.24008533	0.24006902	0.34143156	0.34134357	0.39334226	0.39329159
$\frac{h_0}{64}$	0.24008065	0.24007657	0.34141986	0.34139787	0.39332055	0.39330788
$\frac{h_0}{128}$	0.24007948	0.24007846	0.34141699	0.34141149	0.39331513	0.39331196
$\frac{h_0}{256}$	0.24007918	0.24007893	0.34141628	0.34141490	0.39331377	0.39331298
$\frac{h_0}{512}$	0.24007911	0.24007905	0.34141610	0.34141576	0.39331344	0.39331324
$t(s)$	31.10	31.20	22.74	22.81	25.34	25.41
Trend	↘	↗	↘	↗	↘	↗

表 5.2　区域 $\Omega \subset \mathbb{R}^2$ 上未校正的特征值和校正后的特征值:

例 5.4.1, $\alpha = 10\sin^2(x_1+x_2) + \frac{1}{6}$, $\beta = e^{(x_1-\frac{1}{2})(x_2-\frac{1}{2})}$, $\delta = \frac{100}{99}$

区域	Ω_S		Ω_L		Ω_H	
h	$\lambda_{1,h}$	$\lambda_{1,h}^c$	$\lambda_{1,h}$	$\lambda_{1,h}^c$	$\lambda_{1,h}$	$\lambda_{1,h}^c$
$\frac{h_0}{32}$	0.24696	0.23963	0.53724	0.27358	0.56181	0.45333
$\frac{h_0}{64}$	0.24645	0.24441	0.51661	0.39617	0.55267	0.51468
$\frac{h_0}{128}$	0.24623	0.24571	0.50301	0.46469	0.54766	0.53740
$\frac{h_0}{256}$	0.24616	0.24603	0.49700	0.48710	0.54600	0.54341
$\frac{h_0}{512}$	0.24614	0.24611	0.49528	0.49280	0.54556	0.54491
$t(s)$	37.71	40.05	28.06	29.74	28.39	30.07
Trend	↘	↗	↘	↗	↘	↗

表 5.3　区域 $\Omega \subset \mathbb{R}^2$ 上特征值的明确下界: 例 5.4.1, $\alpha = \beta = 1$

区域	Ω_S	Ω_L	Ω_H
h	$\lambda_{1,h}^G$	$\lambda_{1,h}^G$	$\lambda_{1,h}^G$
$\frac{h_0}{32}$	0.23823528	0.33387199	0.38344736
$\frac{h_0}{64}$	0.23918810	0.33777016	0.38852182
$\frac{h_0}{128}$	0.23964494	0.33964270	0.39097534
$\frac{h_0}{256}$	0.23986612	0.34054796	0.39216646
$\frac{h_0}{512}$	0.23997407	0.34098881	0.39274809
Trend	↗	↗	↗

5.4.1.2 $\Omega \subset \mathbb{R}^3$上的数值结果

例 5.4.2 当$\alpha = \beta = 1$时，在立方体区域$\Omega_C = (0,1)^3$和 *Fichera* 拐角域$\Omega_F = (-1,1)^3 \setminus (-1,0]^3$上计算问题（5.1.1）的近似特征值.

Ω_C和Ω_F的拟一致网格见图 5.4.在这两个领域中，我们使用 CR 有限元计算前三个特征值，并将结果列在表 5.4 中. 在立方体中，λ_2和λ_5是重数为 3 的特征值. $\lambda_{1,h}$及其校正后的特征值$\lambda_{1,h}^c$被列于表 5.5 中，相应误差曲线见图 5.5. 从图 5.5 看到$\lambda_{1,h}^c$和$\lambda_{1,h}$的误差曲线都平行于斜率为 2 的直线，这表明$\lambda_{1,h}^c$和$\lambda_{1,h}$有相同的而且最优的收敛阶$O(h^2)$. 我们认为相应于λ_1的特征函数是光滑的. 从表 5.5 可见，在每个区域上，$\lambda_{1,h}$都从上方收敛于λ_1，这表明在光滑特征函数情况下，CR 有限元特征值近似不一定是准确特征值的下界；此外还可看到，校正后的特征值$\lambda_{1,h}^c$从下方收敛于λ_1，这表明在特征函数光滑的情况下，校正公式（5.3.2） 能提供相应特征值的下界. 三维区域上的数值结果与定理 5.3.1 和 5.3.5 的结论相符.

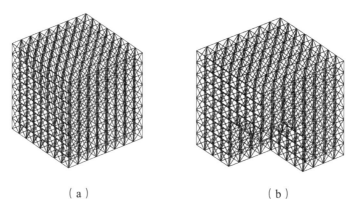

（a）　　　　　　　　　　（b）

图 5.4　例 5.4.2 的区域Ω_C（a）和Ω_F（b）的拟一致网格

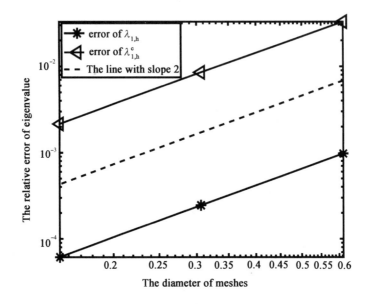

（a）

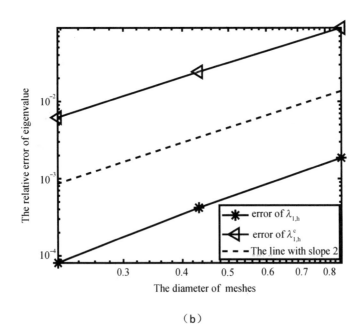

（b）

图5.5　区域Ω_C（a）和Ω_F（b）上例5.4.2的第一个特征值的误差曲线

表 5.4   区域 $\Omega \subset \mathbb{R}^3$ 上 CR 有限元近似特征值：例 5.4.2，$\delta = \frac{100}{99}$

domain	Ω_C			Ω_F			
h	$\lambda_{1,h}$	$\lambda_{2,h}$	$\lambda_{5,h}$	h	$\lambda_{1,h}$	$\lambda_{2,h}$	$\lambda_{3,h}$
0.6124	0.162344	1.11356	1.56489	0.8660	0.268747	0.54947	0.72763
0.3062	0.162226	1.14537	1.65619	0.4330	0.268359	0.56641	0.73377
0.1531	0.162196	1.15272	1.68222	0.2165	0.268268	0.57235	0.73615
0.0765	0.162189	1.15448	1.68924	0.1083	0.268247	0.57441	0.73687
Trend	↘	↗	↗	—	↘	↗	↗

表 5.5   区域 $\Omega \subset \mathbb{R}^3$ 上未校正的特征值和校正后的特征值：例 5.4.2，$\delta = \frac{100}{99}$

domain	Ω_C		Ω_F		
h	$\lambda_{1,h}$	$\lambda_{1,h}^c$	h	$\lambda_{1,h}$	$\lambda_{1,h}^c$
0.6124	0.162344	0.156854	0.8660	0.268747	0.244062
0.3062	0.162226	0.160802	0.4330	0.268359	0.261752
0.1531	0.162196	0.161837	0.2165	0.268268	0.266587
0.0765	0.162189	0.162099	0.1083	0.268247	0.267824
$t(s)$	150.07	150.23	—	223.12	223.26
Trend	↘	↗	—	↘	↗

5.4.2   反散射中Steklov特征值问题的数值结果

选择区域为 $\Omega_S = \left(-\frac{\sqrt{2}}{2}, \frac{\sqrt{2}}{2} \right)^2$，$\Omega_L$ 和 Ω_H. 在此数值实验中，取 $k = 1$（即波长为 2π）.

例 5.4.3   当 $n(x) = 4$（有缺陷的介质）时，在区域 Ω_S，Ω_L 及 Ω_H 上解问题（5.1.7）.

例 5.4.4   当 $n = n_0$ 时，在区域 Ω_S 上解问题（5.1.7）. 这里，

$$n_0 = \begin{cases} 1, & (x_1, x_2) \in \left(-\frac{\sqrt{2}}{4}, \frac{\sqrt{2}}{4}\right)^2, \\ 4, & (x_1, x_2) \in \left(-\frac{\sqrt{2}}{2}, \frac{\sqrt{2}}{2}\right)^2 \setminus \left(-\frac{\sqrt{2}}{4}, \frac{\sqrt{2}}{4}\right)^2. \end{cases}$$

5.4.2.1 关于 CR 有限元及 ECR 有限元近似渐近下界性质的数值结果

CR 有限元特征值近似 $\lambda_{j,h}(j=1,\cdots,4)$ 被列于表 5.6 至表 5.9 中，ECR 有限元特征值近似 $\lambda_{j,h}^{ECR}(j=1,\cdots,4)$ 被列于表 5.10 至表 5.13. 误差曲线如图 5.6 和 5.7 所示.

在图中，若误差曲线平行于斜率为 2 的直线，则表明相应的特征函数是光滑的，否则特征函数是奇异的. 一方面，从表 5.6 至表 5.13 中特征值的收敛趋势以及图 5.6 和图 5.7 中特征函数的奇异性可知数值结果与理论相符，即在特征函数奇异的情况下，CR 有限元提供特征值的下界，而无论特征函数奇异与否，ECR 有限元都能提供特征值的下界. 另一方面，从表 5.6 至表 5.13 知，在区域 Ω_S 和 Ω_H 上的前四个特征值中，除了 $\lambda_{1,h}$ 以外，由 CR 有限元所得特征值近似比由 ECR 有限元求得的更精确. 而且在相同网格直径下解前四个特征值，ECR 有限元会消耗更多的 CPU 时间.

表 5.6 由 CR 有限元求得的前四个特征值：例 5.4.3，区域 Ω_S

h	$\lambda_{1,h}$	$\lambda_{2,h}$	$\lambda_{3,h}$	$\lambda_{4,h}$	t
$\dfrac{h_0}{128}$	-2.202469	0.212216	0.212216	0.907985	1.10
$\dfrac{h_0}{256}$	-2.202498	0.212243	0.212243	0.908038	4.79
$\dfrac{h_0}{512}$	-2.202505	0.212250	0.212250	0.908052	21.88
Trend	↘	↗	↗	↗	

表 5.7　由 CR 有限元求得的前四个特征值：例 5.4.3，区域 Ω_L

h	$\lambda_{1,h}$	$\lambda_{2,h}$	$\lambda_{3,h}$	$\lambda_{4,h}$	t
$\dfrac{h_0}{128}$	−2.533302	−0.858381	−0.124551	1.085115	0.81
$\dfrac{h_0}{256}$	−2.533236	−0.858028	−0.124531	1.085253	3.41
$\dfrac{h_0}{512}$	−2.533219	−0.857885	−0.124526	1.085287	15.39
Trend	↗	↗	↗	↗	

表 5.8　由 CR 有限元求得的前四个特征值：例 5.4.3，区域 Ω_H

h	$\lambda_{1,h}$	$\lambda_{2,h}$	$\lambda_{3,h}$	$\lambda_{4,h}$	t
$\dfrac{h_0}{128}$	−3.352885	0.013003	0.013003	1.347012	1.15
$\dfrac{h_0}{256}$	−3.352962	0.013022	0.013022	1.347185	4.96
$\dfrac{h_0}{512}$	−3.352981	0.013026	0.013026	1.347228	21.99
Trend	↘	↗	↗	↗	

表 5.9　由 CR 有限元求得的前四个特征值：例 5.4.4，区域 Ω_S

h	$\lambda_{1,h}$	$\lambda_{2,h}$	$\lambda_{3,h}$	$\lambda_{4,h}$	t
$\dfrac{h_0}{128}$	−1.432957	0.262839	0.262839	0.916321	1.02
$\dfrac{h_0}{256}$	−1.432965	0.262865	0.262865	0.916374	4.33
$\dfrac{h_0}{512}$	−1.432967	0.262872	0.262872	0.916388	19.95
Trend	↘	↗	↗	↗	

表 5.10　由 ECR 有限元求得的前四个特征值：例 5.4.3，区域 Ω_S

h	$\lambda_{1,h}$	$\lambda_{2,h}$	$\lambda_{3,h}$	$\lambda_{4,h}$	t
$\dfrac{h_0}{128}$	−2.202517	0.212204	0.212204	0.907978	1.81
$\dfrac{h_0}{256}$	−2.202510	0.212240	0.212240	0.908036	8.95
$\dfrac{h_0}{512}$	−2.202508	0.212249	0.212249	0.908051	40.13
Trend	↗	↗	↗	↗	

表 5.11　由 ECR 有限元求得的前四个特征值：例 5.4.3，区域 Ω_L

h	$\lambda_{1,h}$	$\lambda_{2,h}$	$\lambda_{3,h}$	$\lambda_{4,h}$	t
$\dfrac{h_0}{128}$	−2.533419	−0.858426	−0.124581	1.085101	1.56
$\dfrac{h_0}{256}$	−2.533266	−0.858039	−0.124539	1.085249	7.59
$\dfrac{h_0}{512}$	−2.533227	−0.857887	−0.124528	1.085286	32.58
Trend	↗	↗	↗	↗	

表 5.12　由 ECR 有限元求得的前四个特征值：例 5.4.3，区域 Ω_H

h	$\lambda_{1,h}$	$\lambda_{2,h}$	$\lambda_{3,h}$	$\lambda_{4,h}$	t
$\dfrac{h_0}{128}$	−3.353000	0.012984	0.012984	1.347001	1.92
$\dfrac{h_0}{256}$	−3.352991	0.013017	0.013017	1.347182	9.18
$\dfrac{h_0}{512}$	−3.352988	0.013025	0.013025	1.347228	40.62
Trend	↗	↗	↗	↗	

表 5.13　由 ECR 有限元求得的前四个特征值：例，区域Ω_S

h	$\lambda_{1,h}$	$\lambda_{2,h}$	$\lambda_{3,h}$	$\lambda_{4,h}$	t
$\dfrac{h_0}{128}$	−1.432979	0.262828	0.262828	0.916314	2.12
$\dfrac{h_0}{256}$	−1.432971	0.262863	0.262863	0.916372	10.39
$\dfrac{h_0}{512}$	−1.432969	0.262872	0.262872	0.916387	46.82
Trend	↗	↗	↗	↗	

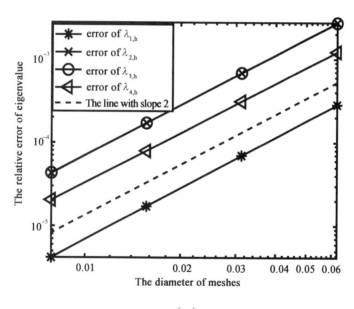

（a）

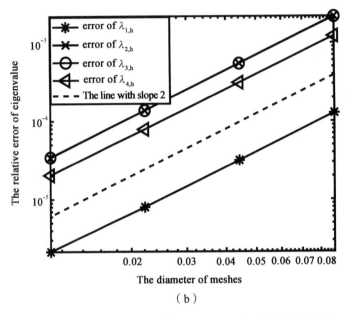

（b）

图 5.6　Ω_S 上由 CR 有限元所得的前四个特征值的误差曲线：

例 5.4.3（a）和例 5.4.4（b）

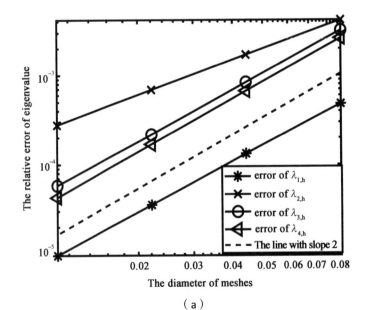

（a）

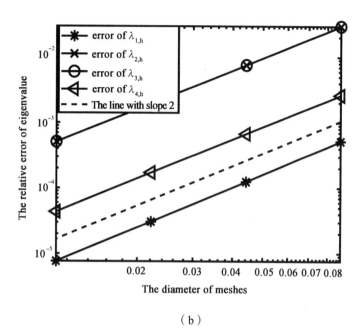

（b）

图 5.7　由 CR 有限元所得的前四个特征值的误差曲线：

例 5.4.3，区域Ω_L（a）和Ω_H（b）

5.4.2.2　关于校正后特征值的渐近下界性质的数值结果

从图 5.6 和 5.7 可见，在区域Ω_S和Ω_H上相应于λ_1的特征函数是光滑的. 从表 5.6、表 5.8 和表 5.9 可知，在这两个 CR 有限元近似$\lambda_{1,h}$从上方收敛于λ_1. 因此，在这两个区域上，使用公式（5.3.21）来对$\lambda_{1,h}$执行校正，并将校正后的特征值列于表 5.14 中. 误差曲线见图 5.8 和图 5.9. 从表 5.14 可见校正后特征值$\lambda_{1,h}^c$从下方收敛于λ_1，这与定理 5.3.4 的结果一致. 且在每个区域上，计算$\lambda_{1,h}^c$的 CPU 时间与计算$\lambda_{1,h}$的时间几乎一样，这表明该校正消耗很少的时间. 进一步地，图 5.7 和图 5.8 说明校正后特征值$\lambda_{1,h}^c$的收敛阶不变，这与定理 5.3.5 的结果一致.

表 5.14　对 CR 有限元特征值近似执行校正后所得的特征值

domain	Ω_S ($n = 4$)		Ω_S ($n = n_0$)		Ω_H ($n = 4$)	
h	$\lambda_{1,h}$	$\lambda_{1,h}^c$	$\lambda_{1,h}$	$\lambda_{1,h}^c$	$\lambda_{1,h}$	$\lambda_{1,h}^c$
$\dfrac{h_0}{32}$	−2.201881	−2.203874	−1.432786	−1.433722	−3.351243	−3.355216
$\dfrac{h_0}{64}$	−2.202353	−2.202852	−1.432923	−1.433157	−3.352570	−3.353563
$\dfrac{h_0}{128}$	−2.202469	−2.202594	−1.432957	−1.433016	−3.352885	−3.353134
$\dfrac{h_0}{256}$	−2.202498	−2.202529	−1.432965	−1.432980	−3.352962	−3.353024
$\dfrac{h_0}{512}$	−2.202505	−2.202513	−1.432967	−1.432971	−3.352981	−3.352997
$t(s)$	21.46	21.57	18.45	18.61	18.13	18.23
Trend	↘	↗	↘	↗	↘	↗

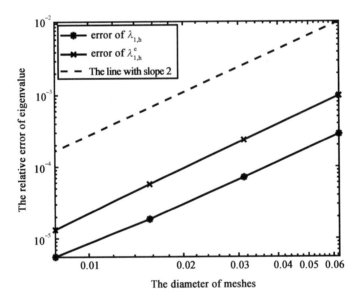

（a）

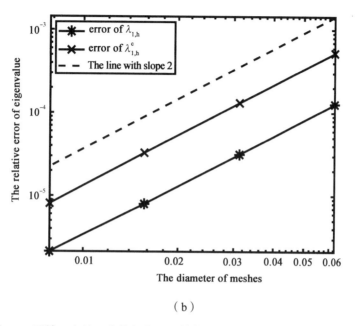

（b）

图 5.8　区域Ω_S上第一个特征值的误差曲线：例 5.4.3（a）和例 5.4.4（b）

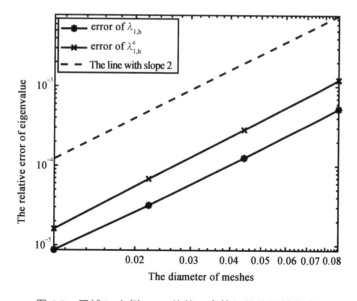

图 5.9　区域Ω_H上例 5.4.3 的第一个特征值的误差曲线

6 流体力学中特征值问题的明确下谱界

2014 年，Carstensen 等对 Laplacian 特征值问题利用非协调 CR 有限元[31]，对重调和特征值问题利用非协调 Morley 有限元[29]得到明确下谱界. 刘等在[100]提出了求问题$a(u, v) = \lambda b(u, v)$的特征值明确下界的一般框架，这里$a(\cdot, \cdot)$和$b(\cdot, \cdot)$都是对称且正定的双线性型. 之后，其团队将该框架推广到更一般的变分特征值问题，其中$a(\cdot, \cdot)$是正定的且$b(\cdot, \cdot)$是半正定的[180]. 但该框架未被用到双线性型均为半正定的情况下. 关于特征值明确下界的其他工作见文献[30，69，84，153].

本章将证明双线性$b(u, v)$半正定时的极小、极小极大原理. 现有原理相关的双线性型均是正定的. 进一步应用刘等在文献[180]中以及 Carstensen 等在文献[29]中提出的框架用到流体力学中两个特征值问题的明确下谱界[188]. 与前面研究不同的是这两个问题相关的所有双线性型在$H^1(\Omega)$中都是半正定的.

6.1 抽象特征值问题及相关性质

为讨论方便，这里先给出特征值问题抽象弱形式和相应的离散形式. 设V 是带有内积$a(\cdot, \cdot)$和范数$\|\cdot\|_a = \sqrt{a(\cdot, \cdot)}$ 的 Hilbert 空间，V_h是一个有限维空间，它可能不是V的子空间. 令$V(h) = V + V_h$且带有内积$a_h(\cdot, \cdot)$ 和范数$\|\cdot\|_h = \sqrt{a_h(\cdot, \cdot)}$. 注意双线性型$a_h(\cdot, \cdot)$是$a(\cdot, \cdot)$到$V(h)$的延拓，使得对任意$u, v \in V$，$a_h(u, v) = a(u, v)$且$\|u\|_a = \|u\|_h$. 双线性型$b(\cdot, \cdot)$是$V(h)$上对称，连续且半正定的，相应的半范数是$|\cdot|_b$. 考虑下列三个问题:

特征值问题的弱形式: 求$(\lambda, u) \in \mathbb{R} \times V$，且$|u|_b \neq 0$，使得

$$a(u,v) = \lambda b(u,v), \quad \forall v \in V. \tag{6.1.1}$$

问题（6.1.1）的离散形式：求$(\lambda_h, u_h) \in \mathbb{R} \times V_h$，且$|u_h|_b \neq 0$，使得

$$a_h(u_h, v_h) = \lambda_h b(u_h, v_h), \forall v_h \in V_h. \tag{6.1.2}$$

$V(h)$空间中的特征值问题：$\tilde{\lambda} \in \mathbb{R}$，$\tilde{u} \in V(h)$，且$|\tilde{u}|_b \neq 0$，使得

$$a_h(\tilde{u}, v) = \tilde{\lambda} b(\tilde{u}, v), \forall v \in V(h). \tag{6.1.3}$$

我们需要以下条件来保证问题（6.1.1）至（6.1.3）的适定性，即至多可数个正特征值的存在性.

（C1）　$|\cdot|_b$在V中关于$\|\cdot\|_a$是紧的，即在V中$\|\cdot\|_a$下有界的每一个序列在$|\cdot|_b$下都有 Cauchy 收敛子列.

（C2）　$|\cdot|_b$在V_h 中关于$\|\cdot\|_h$是紧的.

（C3）　$|\cdot|_b$在$V(h)$ 中关于$\|\cdot\|_h$是紧的.

实际上，（C1）成立可推出（C2）和（C3）都是成立的. 条件（C2）的成立是因为V_h是有限维的，而条件（C3）的推导是依据条件（C1）和空间V_h是有限维（见文献[52]定理 1 和附注 1）.

接下来给出与上述三个问题相关的等价算子形式. 定义解算子$T: V \to V$满足

$$a(Tf, v) = b(f, v), \forall v \in V. \tag{6.1.4}$$

则方程（6.1.1）可写为等价的算子形式：

$$Tu = \mu u, \tag{6.1.5}$$

这里$\mu = \frac{1}{\lambda}$. 即有，若$(\mu, u) \in \mathbb{R} \times V$（$\mu \neq 0$）是式（6.1.5）的特征对，则$(\lambda, u)$是式（6.1.1）的特征对；相反地，若$(\lambda, u)$是式（6.1.1）的特征对，则$(\mu, u)$是式（6.1.5）的特征对.

等价性的证明如下. 取$v = Tf$且使用条件（C1），则有

$$\| Tf \|_a \leqslant C|f|_b, \forall f \in V. \tag{6.1.6}$$

从式（6.1.6）和（C1）可知 $T: V \to V$是紧的. 而且还可以证明在内积$a(\cdot, \cdot)$ 意义下T是自共轭算子. 实际上，从式（6.1.4）和$b(\cdot, \cdot)$的对称性，可得

$$a(Tf, g) = b(f, g) = b(g, f) = a(Tg, f) = a(f, Tg), \forall f, g \in V.$$

因此，式（6.1.1）和式（6.1.5）是等价的.

相似地，定义解算子 $T_h: V_h \to V_h$ 满足

$$a_h(T_h f, v_h) = b(f, v_h), \quad \forall v_h \in V_h. \tag{6.1.7}$$

注意 $T_h: V_h \to V_h$ 是有限秩且是自共轭的.

因此方程（6.1.2）可写为等价的算子形式：

$$T_h u_h = \mu_h u_h, \tag{6.1.8}$$

这里 $\mu_h = \frac{1}{\lambda_h}$. 即有，若 $(\mu_h, u_h) \in \mathbb{R} \times V_h$（$\mu_h \neq 0$）是式（6.1.8）的特征对，则 (λ_h, u_h) 是式（6.1.2）的特征对；相反地，若 (λ_h, u_h) 是式（6.1.2）的特征对，则 (μ_h, u_h) 是式（6.1.8）的特征对.

定义解算子 $\widetilde{T}: V(h) \to V(h)$ 满足

$$a_h(\widetilde{T}f, v) = b(f, v), \forall v \in V(h). \tag{6.1.9}$$

则方程（6.1.3）可写为下列等价算子形式：

$$\widetilde{T}\widetilde{u} = \widetilde{\mu}\widetilde{u}, \tag{6.1.10}$$

这里 $\widetilde{\mu} = \frac{1}{\widetilde{\lambda}}$.

在式（6.1.9）中取 $v = \widetilde{T}f$,并利用条件（C3）推出

$$\| \widetilde{T}f \|_h \leqslant C|f|_b, \quad \forall f \in V(h). \tag{6.1.11}$$

由式（6.1.11）和条件（C3）可知 $\widetilde{T}: V(h) \to V(h)$ 在内积 $a_h(\cdot, \cdot)$ 意义下是紧的且是自共轭的算子. 因此，式（6.1.3）和式（6.1.10）等价.

文献[51]中的 X.4.3 中定理 3 证明了以下算子形式的极大和极小极大原理，这将有助于弱形式的极小和极小极大原理的证明.

引理 6.1.1 假设 H 是带有内积 $(\cdot, \cdot)$ 和范数 $\| \cdot \| = \sqrt{(\cdot, \cdot)}$ 的 Hilbert 空间，算子 $N: H \to H$ 在内积 $(\cdot, \cdot)$ 意义下是紧的且是自共轭的. 设 $\mu_1 \geqslant \mu_2 \cdots$ 是 N 的正特征值，每个特征值重复的次数等于它的重数. 特征值 $\mu_1, \mu_2, \cdots$ 是由方程 $Nu = \mu u$ 给定的，则

$$\mu_1 = \max_{x \in H} \frac{(Nx, x)}{(x, x)}, \qquad (6.1.12)$$

$$\mu_{k+1} = \min_{\substack{y_1, \cdots, y_k \\ i=1, \cdots, k}} \max_{\substack{(x, y_i)=0, \\ }} \frac{(Nx, x)}{(x, x)}, \quad k \geqslant 1. \qquad (6.1.13)$$

显然地，在式（6.1.12）和式（6.1.13）中假设$(Nx, x) \neq 0$是合理的.

对于问题（6.1.1），使用引理 6.1.1 可推出下列弱形式的极小、极大极小和极小极大原理. 此外，对于问题（6.1.6）和（6.1.2），也可得出类似结论. 极小、极大极小和极小极大原理对于特征值下界的获得具有重要意义.

引理 6.1.2 下列结论成立

$$\lambda_1 = \min_{x \in V, |x|_b \neq 0} \frac{a(x, x)}{b(x, x)} = \frac{a(u_1, u_1)}{b(u_1, u_1)}, \qquad (6.1.14)$$

$$\lambda_{k+1} = \max_{\substack{y_1, \cdots, y_k \in V \\ i=1, \cdots, k}} \min_{a(x, y_i)=0} \frac{a(x, x)}{b(x, x)}, \quad k \geqslant 1; \qquad (6.1.15)$$

设E_k是相应于$\{\lambda_j\}_{j=1}^{k}$的特征函数张成的空间，且有$a(u_i, u_j) = \delta_{ij}$，$\delta_{ij}$是 Kronecker 函数. 设$E_k^{\perp}$是$E_k$在 V 中关于$a(\cdot, \cdot)$的直交补空间，则有

$$\lambda_{k+1} = \min_{x \in E_k^{\perp}, |x|_b \neq 0} \frac{a(x, x)}{b(x, x)}, \qquad (6.1.16)$$

$$\lambda_{k+1} = \min_{\substack{V_{k+1} \subset V \\ \dim V_{k+1}=k+1}} \max_{x \in V_{k+1}} \frac{a(x, x)}{b(x, x)}, \quad k \geqslant 1, \qquad (6.1.17)$$

这里$V_{k+1} = \text{span}\{z_1, \cdots, z_{k+1}\}$，$z_1, \cdots, z_{k+1}$是线性独立的且$|z_i|_b \neq 0$，$i = 1, \cdots, k+1$.

证明： 我们详细地证明该引理. 首先，证明式（6.1.14）是成立的. 在引理 6.1.1 中选择$H = V$，$(\cdot, \cdot) = a(\cdot, \cdot)$以及$N = T$，推出

$$\lambda_1 = \mu_1^{-1} = \min_{x \in H, (Nx, x) \neq 0} \frac{(x, x)}{(Nx, x)} = \min_{x \in V, a(Ax, x) \neq 0} \frac{a(x, x)}{a(Tx, x)}$$

$$= \min_{x \in V, |x|_b \neq 0} \frac{a(x, x)}{b(x, x)} = \frac{a(u_1, u_1)}{b(u_1, u_1)}.$$

因此，等式（6.1.14）成立.

其次，根据下列论证可知等式（6.1.15）成立.

$$\lambda_{k+1} = \mu_{k+1}^{-1} = \max_{\substack{y_1, \cdots, y_k}} \min_{\substack{x \in V(x, y_i) = 0, \\ i = 1, \cdots, k}} \frac{(x, x)}{(Nx, x)} = \max_{\substack{y_1, \cdots, y_k}} \min_{\substack{x \in Va(x, y_i) = 0, \\ i = 1, \cdots, k}} \frac{a(x, x)}{a(Tx, x)}$$

$$= \max_{\substack{y_1, \cdots, y_k}} \min_{\substack{x \in Va(x, y_i) = 0, \\ i = 1, \cdots, k}} \frac{a(x, x)}{b(x, x)}, \quad \geqslant 1.$$

进一步地，我们将证明式（6.1.16）.

注意到 $T: E_k^\perp \to E_k^\perp$ 在内积 $a(\cdot, \cdot)$ 意义下是紧的且是自共轭的. 并且 $\mu_{k+1} \geqslant \mu_{k+2} \cdots$ 是 T 的正特征值. 用与式（6.1.14）相同的论证推出式（6.1.16）成立.

最后，我们证明（6.1.17）成立.

选择 $V_{k+1} = E_{k+1}$. 对任意 $x \in E_{k+1}$ 都有 $x = \sum_{j=1}^{k+1} c_j u_j$ ，且

$$\frac{a(x, x)}{b(x, x)} = \frac{a\left(\sum_{j=1}^{k+1} c_j u_j, \sum_{j=1}^{k+1} c_j u_j\right)}{b\left(\sum_{j=1}^{k+1} c_j u_j, \sum_{j=1}^{k+1} c_j u_j\right)} = \frac{\sum_{j=1}^{k+1} c_j^2 \, a(u_j, u_j)}{\sum_{j=1}^{k+1} c_j^2 \, b(u_j, u_j)} \leqslant \lambda_{k+1}.$$

由于 $u_{k+1} \in E_{k+1}$ 且 $\frac{a(u_{k+1}, u_{k+1})}{b(u_{k+1}, u_{k+1})} = \lambda_{k+1}$，我们有

$$\max_{x \in E_{k+1}, |x|_b \neq 0} \frac{a(x, x)}{b(x, x)} = \lambda_{k+1}.$$

剩下的就是证明对任意 $k+1$ 维子空间 V_{k+1}，有

$$\max_{x \in V_{k+1}, |x|_b \neq 0} \frac{a(x, x)}{b(x, x)} \geqslant \lambda_{k+1}. \tag{6.1.18}$$

考虑下列问题：求 $w \in V_{k+1}$，使得

$$a(w, u_j) = 0, \quad j = 1, 2, \cdots, k. \tag{6.1.19}$$

因为 $\dim V_{k+1} = k+1$ 且式（6.1.19）仅有 k 个方程，所以线性方程组（6.1.19）有非零解 $w \in V_{k+1}$ 且 $w \in E_k^\perp$.

由式（6.1.16）可得

$$\frac{a(w, w)}{b(w, w)} \geqslant \lambda_{k+1}.$$

因此，（6.1.18）成立，证毕.

注 6.1.1　对于问题（6.1.2）和（6.1.3），利用与引理 6.1.2 几乎相同的论证，也可以分别推导出空间 V_h 和 $V(h)$ 中的极小、极大极小和极小极大原理. 只需要将式（6.1.14）至式（6.1.17）中的一些符号替换就可以得到 V_h 和 $V(h)$ 空间中极小、极大极小和极小极大原理的表达式. 比如，对问题（6.1.3），弱形式的极大极小和极小极大原理如下：

$$\tilde{\lambda}_{k+1} = \max_{\substack{y_1,\cdots,y_k \in V(h)a_h(x,y_i)=0 \\ i=1,\cdots,k}} \min \frac{a_h(x,x)}{b(x,x)} = \min_{\substack{V_{k+1} \subset V(h) \\ \dim V_{k+1}=k+1}} \max_{x \in V_{k+1}} \frac{a_h(x,x)}{b(x,x)}, \ k \geqslant 1. \quad （6.1.20）$$

设 $P_h : V(h) \to V_h$ 是关于 $a_h(\cdot,\cdot)$ 的投影，对给定的 $u \in V(h)$，$P_h u \in V_h$ 满足

$$a_h(u - P_h u, v_h) = 0, \quad \forall v_h \in V_h.$$

明确下界需要的一个重要假设如下：

假设（A）：对任意 $u \in V$，都存在正常数 C_h 使得

$$|u - P_h u|_b \leqslant C_h \| u - P_h u \|_h. \quad （6.1.21）$$

6.2　抽象特征值问题的明确下谱界

在这一节中，我们将给出特征值的明确下界. 下面引理 6.2.1 是文献[30] 中定理 1 和定理 2 的总结.

引理 6.2.1　设 λ_k 和 $\lambda_{k,h}$ 分别是式（6.1.1）和式（6.1.2）的第 k 个特征值. 在条件（C1）和假设（A）下，对于 $k=1$，或 $k \geqslant 2$ 且 $C_h < (\sqrt{1+k^{-1}} - 1)/\sqrt{\lambda_k}$ 得出以下结论：

$$\lambda_k \geqslant \frac{\lambda_{k,h}}{1 + C_h^2 \lambda_{k,h}}. \quad （6.2.1）$$

证明： 证明见文献[31]中定理 3.2 和 5.1（另见文献[29]中定理 1 和定理 2）. 在我们考虑的情况下，只需要对文献[31，29] 中相关定理的证明做一些微小的修改，即用上面定义的投影算子 P_h 代替证明中出现的插值算子. 为了便于阅读，这里再证一次.

在 $k=1$ 的情况下，根据投影 P_h 的定义，得到

$$\lambda_1 = \| u \|_h^2 = \| u - P_h u \|_h^2 + \| P_h u \|_h^2.$$

根据空间V_h中的极小原理，导出

$$\lambda_1 \geqslant \| u - P_h u \|_h^2 + \lambda_{1,h} |P_h u|_b^2.$$

由 Schwarz's 不等式，$|u|_b = 1$ 和 Young's 不等式，对任意 $0 < \delta \leqslant 1$ 可得

$$
\begin{aligned}
|P_h u|_b^2 &= b(u - P_h u, u - P_h u) - 2b(u - P_h u, u) + b(u, u) \\
&\geqslant |u - P_h u|_b^2 - 2|u - P_h u|_b + 1 \\
&\geqslant (1 - \delta) + (1 - \delta^{-1})|u - P_h u|_b^2.
\end{aligned}
$$

把该关系式代入前一个式子，再用式（6.1.21）可得

$$\lambda_1 \geqslant \lambda_{1,h}\{1 - \delta + [\lambda_{1,h}^{-1} + (1 - \delta^{-1})C_h^2] \| u - P_h u \|_h^2\}.$$

选择$\delta = \frac{\lambda_{k,h} C_h^2}{(1 + \lambda_{k,h} C_h^2)}$，则证得当$k = 1$时式（6.2.1）成立.

称条件$C_h < (\sqrt{1 + k^{-1}} - 1)/\sqrt{\lambda_k}$为分离条件. 当假设（A）成立且其中正常数$C_h$满足分离条件时，如果 $(u_1, u_2, \cdots, u_k) \in V_k \subset V$ 是前k个特征函数的 b-正交系，容易验证$(P_h u_1, P_h u_2, \cdots, P_h u_k)$ 仍然是线性无关的（见文献[29]中引理 1）.

根据分离条件，下面将证明在$k \geqslant 2$时式（6.2.1）成立. 根据空间V_h中的极小极大原理，可知

$$\lambda_{k,h} = \min_{\substack{V_k \subset V_h \\ \dim V_k = k}} \max_{v \in V_k} \frac{a_h(v, v)}{b(v, v)}, k \geqslant 2.$$

因为$(P_h u_1, P_h u_2, \cdots, P_h u_k)$线性无关，存在实系数$\xi_1$，$\xi_2$，$\cdots$，$\xi_k$且$\sum_{j=1}^{k} \xi_j^2 = 1$，使得在基于$\{P_h u_1, P_h u_2, \cdots, P_h u_k\}$ 意义下 Rayleigh 商的最大值点为$\sum_{j=1}^{k} \xi_j P_h u_j$. 因此，$v = \sum_{j=1}^{k} \xi_j u_j$ 满足

$$\lambda_{k,h} \leqslant \frac{a_h(P_h v, P_h v)}{b(P_h v, P_h v)}.$$

根据投影P_h的定义，得到

$$\lambda_k \geqslant \sum_{j=1}^{k} \xi_j^2 \lambda_j = \| v \|_h^2 = \| v - P_h v \|_h^2 + \| P_h v \|_h^2.$$

结合以上两个不等式，推出

$$\lambda_k \geqslant \| v - P_h v \|_h^2 + \lambda_{k,h} |P_h v|_b^2.$$

注意到 $|v|_b = 1$. 剩下的证明和 $k = 1$ 情况下的其余部分一样，这里将其省略，证毕. □

下列引理来自文献[100，180]，它为特征值提供了明确的下界. 这里紧跟文献[180]中用来证明定理 2.4 的论证. 不同的是，这里的证明使用了弱形式的极小和极小极大原理，它们在引理 6.1.2 和注 6.1.1 中得到了证明.

引理 6.2.2　设 λ_k 和 $\lambda_{k,h}$ 分别是式（6.1.1）和式（6.1.2）的第 k 个特征值. 在条件（C1）和假设（A）下，有

$$\lambda_k \geqslant \frac{\lambda_{k,h}}{1 + C_h^2 \lambda_{k,h}}. \qquad （6.2.2）$$

证明：取式（6.1.20）和式（6.1.17）中下标为 k，注意 $V \subset V(h)$，可推出

$$\lambda_k \geqslant \tilde{\lambda}_k.$$

表示 $E_{k-1,h} = \mathrm{span}\{u_{1,h}, u_{2,h}, \cdots, u_{k-1,h}\}$. 选择式（6.1.20）中 $y_1 = u_{1,h}$，$y_2 = u_{2,h}$，$\cdots$，$y_{k-1} = u_{k-1,h}$，推得

$$\lambda_k \geqslant \tilde{\lambda}_k \geqslant \min_{v \in E_{k-1,h}^\perp, |v|_b \neq 0} \frac{a_h(v, v)}{b(v, v)}, \qquad （6.2.3）$$

这里 $E_{k-1,h}^\perp$ 表示 $V(h)$ 中 $E_{k-1,h}$ 关于 $a_h(\cdot, \cdot)$ 的直交补.

令 $E_{k-1}^{\perp,h}$ 表示 V_h 中 $E_{k-1,h}$ 关于 $a_h(\cdot, \cdot)$ 的直交补，即 $V_h = E_{k-1,h} \oplus E_{k-1}^{\perp,h}$. 由此可得

$$V(h) = V_h \oplus V_h^\perp = E_{k-1,h} \oplus E_{k-1}^{\perp,h} \oplus V_h^\perp. \qquad （6.2.4）$$

进一步地，可知 $E_{k-1,h}^\perp = E_{k-1}^{\perp,h} \oplus V_h^\perp$. 对任意 $v \in E_{k-1,h}^\perp$ 且 $|v|_b \neq 0$，推出

$$v = P_h v + (I - P_h)v, P_h v \in E_{k-1}^{\perp,h}, (I - P_h)v \in V_h^\perp.$$

对问题（6.1.2），使用类似引理 6.1.2 的论证可推出下列 V_h 空间中的极小原理

$$\lambda_{k,h} = \min_{v \in E_{k-1}^{\perp,h}, |v|_b \neq 0} \frac{a_h(v, v)}{b(v, v)}. \qquad （6.2.5）$$

当 $|P_h v|_b \neq 0$ 时，根据式（6.2.5）可得

$$|P_h v|_b \leqslant \lambda_{k,h}^{-1/2} \parallel P_h v \parallel_h. \qquad (6.2.6)$$

当 $|P_h v|_b = 0$ 时，不等式（6.2.6）显然成立.

根据式（6.1.21）和式（6.2.6），推出

$$|v|_b \leqslant |v - P_h v|_b + |P_h v|_b \leqslant C_h \parallel v - P_h v \parallel_h + \lambda_{k,h}^{-1/2} \parallel P_h v \parallel_h,$$

由此导出

$$|v|_b^2 \leqslant (C_h^2 + \lambda_{k,h}^{-1})(\parallel v - P_h v \parallel_h^2 + \parallel P_h v \parallel_h^2) = (C_h^2 + \lambda_{k,h}^{-1}) \parallel v \parallel_h^2.$$

然后可得

$$\frac{a_h(v,v)}{b(v,v)} \geqslant \frac{\lambda_{k,h}}{1 + C_h^2 \lambda_{k,h}}. \qquad (6.2.7)$$

将式（6.2.7）代入式（6.2.3），得到式（6.2.2），证毕.

注 6.2.1 引理 6.2.1 与引理 6.2.2 都能提供特征值明确的下界. 这两个引理条件上的不同在于，引理 6.2.1 要求分离条件（当 $k \geqslant 2$ 时），而引理 6.2.2 不需分离条件.

6.3 流体力学中两个特征值问题的明确下谱界

在本节中，基于上一节的理论框架，我们旨在求得流体力学中出现的两个特征值问题的明确下界.

6.3.1 流固振动的Laplace模型

该部分主要在充满液体的有界多边形区域 $\Omega \subset \mathbb{R}^2$ 上讨论特征值问题——流固振动的 Laplace 模型[8]. 符号 Γ_0 表示 Ω 的外边界. 有 $K > 0$ 根管道嵌入液体中. 这些管的横截面表示为 Ω 中的多边形子区域. 管道和流体之间的交界面用 $\Gamma_i (i = 1, \cdots, K)$ 来表示. 每根管被模拟为一个刚度为 k，质量为 m 的谐振子；考虑流体密度为 ρ 且是完全不可压缩的. 符号 $\boldsymbol{n} = (n_1, n_2)$ 表示 Ω 边界的单位外法向量. 具体问题如下：

求$(\lambda, u) \in \mathbb{R} \times H^1(\Omega)$且$u \neq 0$，使得

$$\begin{cases} \Delta u = 0 & \text{在}\Omega\text{内}, \\ \dfrac{\partial u}{\partial \boldsymbol{n}} = 0 & \text{在}\Gamma_0\text{上}, \\ \dfrac{\partial u}{\partial \boldsymbol{n}} = \lambda\left(\displaystyle\int_{\Gamma_i} u\,\boldsymbol{n}\right) \cdot \boldsymbol{n} & \text{在}\Gamma_i\text{上}, \quad i = 1, \cdots, K, \end{cases} \quad (6.3.1)$$

这里$\lambda := \rho\omega^2/(k - m\omega^2)$，$\omega > 0$（振动频率），$u$是流体压力. 边界条件$\Gamma_i$意味着流体接触管壁（法线朝向管壁$\Gamma_i$内部）.

下面分别定义双线性型$a(\cdot, \cdot)$和$b(\cdot, \cdot)$.

$$a(u, v) := \int_\Omega \nabla u \cdot \nabla v \quad \text{且} b(u, v) := \sum_{i=1}^K \left(\int_{\Gamma_i} u\,\boldsymbol{n}\right) \cdot \left(\int_{\Gamma_i} v\,\boldsymbol{n}\right). \quad (6.3.2)$$

双线性型$a(\cdot, \cdot)$和$b(\cdot, \cdot)$分别有非零核$\ker_a = \{v \in H^1(\Omega): a(v, v) = 0\} = \mathbb{R}$和$\ker_b = \{v \in H^1(\Omega): \int_{\Gamma_i} v\,\boldsymbol{n} = 0, \forall i = 1, 2, \cdots, K\}$. 非零核$\ker_a$意味着$a(\cdot, \cdot)$并不等价于$H^1(\Omega)$中的内积，因为$a(\cdot, \cdot)$不是强制的. 因而，问题（6.3.1）解空间的一个常规而自然的选择是商空间$H^1(\Omega)/\mathbb{R}$（比如，见文献[8]）. 对带有非零核的双线性型$b(\cdot, \cdot)$，一般理论是适用的（比如，见文献[180]）.

问题（6.3.1）的弱形式为：求$(\lambda, u) \in \mathbb{R} \times H^1(\Omega)/\mathbb{R}$，且$|u|_b \neq 0$，使得

$$a(u, v) = \lambda b(u, v), \boxtimes \forall v \in H^1(\Omega)/\mathbb{R}. \quad (6.3.3)$$

问题（6.3.3）的解由$2K$个特征值为正的特征对序列(λ_j, u_j)给出. 假设按升序排列为$0 < \lambda_1 \leqslant \lambda_2 \leqslant \cdots \leqslant \lambda_{2K}$（见文献[44]中2.2.1节）.

注意到，在这篇文章的分析中会涉及空间$V(h) = H^1(\Omega)/\mathbb{R} + V_h$，这就意味着需要定义并讨论分片Sobolev空间的商空间. 目前还没有见到该定义的相关报道. 因此，为了应用6.2节的理论结果来得到式（6.3.1）特征值的明确下界，必须对空间$H^1(\Omega)$中元素进行其他限制. 取解空间

$$V := \left\{v \in H^1(\Omega), \sum_{i=1}^K \int_{\Gamma_i} v = 0\right\}.$$

问题（6.3.1）的弱形式是：求$(\lambda, u) \in \mathbb{R} \times V$，且$|u|_b \neq 0$，使得

$$a(u,v) = \lambda b(u,v), \forall v \in V. \tag{6.3.4}$$

注意$\|\cdot\|_a = \sqrt{a(\cdot,\cdot)}$和$|\cdot|_b = \sqrt{b(\cdot,\cdot)}$只是$H^1(\Omega)$中的半范数而不是范数，但是$\|\cdot\|_a$是$V$中的范数. 而且范数$\|\cdot\|_a$和$\|\cdot\|_{H^1(\Omega)}$在$V$中等价. 理由如下：

令$f(v) = \sum_{i=1}^{K}\int_{\Gamma_i} v.$由范数等价定理[见文献中不等式（14.11）]，可得

$$\|v\|_{H^1(\Omega)} \leqslant C[|v|_{H^1(\Omega)} + |f(v)|], \varnothing \ \forall v \in H^1(\Omega).$$

值得注意的是，对于$v \in V$，$f(v) = 0$. 由上述的不等式推出

$$\|v\|_a \leqslant \|v\|_{H^1(\Omega)} \leqslant C\|v\|_a, \ \forall v \in V. \tag{6.3.5}$$

上述不等式表明了范数$\|\cdot\|_a$和$\|\cdot\|_{H^1(\Omega)}$在V中的等价性.

接下来将证明，在不丢失任一特征函数时，自然空间$H^1(\Omega)/\mathbb{R}$能替换为更小的空间V. 作为准备，我们将证明下列引理.

引理 6.3.1　假设Ω_0是一个 Lipschitz 区域. $\boldsymbol{n}$表示$\partial\Omega_0$的单位内法向量. 则有

$$\int_{\partial\Omega_0} \boldsymbol{n} = 0, \tag{6.3.6}$$

这里，$\boldsymbol{0}$表示零向量.

证明： 根据散度定理$\int_{\Omega_0} \mathrm{div}\,\boldsymbol{y} = \int_{\partial\Omega_0}\boldsymbol{y}\cdot\boldsymbol{n}$，分别取$\boldsymbol{y} = (1,0)$和$\boldsymbol{y} = (0,1)$，即可得到所要结论. 证毕.

下列引理告诉我们问题（6.3.3）与问题（6.3.4）的特征值是相等的. 为书写上的方便，这里表示$\Gamma = \Gamma_1 \cup \Gamma_2 \cup \cdots \cup \Gamma_K$. 用$|\Gamma_i|$表示$\Gamma_i$的测度，且$|\Gamma| = \sum_{i=1}^{K}|\Gamma_i|$.

引理 6.3.2　假设$(\tilde{\lambda}, \tilde{u})$是式（6.3.3）的一个非零特征对，则$(\lambda, u) = \left(\tilde{\lambda}, \tilde{u} - \frac{1}{|\Gamma|}\int_{\Gamma}\tilde{u}\right)$是式（6.3.4）的特征对.

证明： 由$u = \tilde{u} - \frac{1}{|\Gamma|}\int_{\Gamma}\tilde{u}$可得$\int_{\Gamma}u = 0$. 因此，$u \in V$. 对任意$v \in V$，将$\lambda = \tilde{\lambda}$和$u = \tilde{u} - \int_{\Gamma}\tilde{u}$代入式（6.3.4），可得

$$a(u,v) = \int_{\Omega}\nabla\tilde{u}\cdot\nabla v = a(\tilde{u},v).$$

根据引理 6.3.1 可知$\int_{\Gamma_i}\boldsymbol{n}$是零向量，则有

$$b(u, v) = \sum_{i=1}^{K} \left[\int_{\Gamma_i} \left(\tilde{u} - \frac{1}{|\Gamma|} \int_{\Gamma_i} \tilde{u} \right) \boldsymbol{n} \right] \cdot \left(\int_{\Gamma_i} v \, \boldsymbol{n} \right) = b(\tilde{u}, v).$$

由式（6.3.3）可知 (λ, u) 是式（6.3.4）的解.

让 $\pi_h = \{\kappa\}$ 表示 Ω 的一个三角形剖分，且每个三角形 κ 至多有一条边在边界上. 让 $\varepsilon_h(\Gamma_i) = \{e\}$ 表示在 π_h 的边 Γ_i 上的所有边的集合，且 $\varepsilon_h(\Gamma) = \varepsilon_h(\Gamma_1) \cup \varepsilon_h(\Gamma_2) \cup \cdots \cup \varepsilon_h(\Gamma_K)$. 让 $V|_\kappa$ 表示 V 在 κ 上的限制. 让 π_h^Γ 表示 π_h 中有一条边 $e \in \varepsilon_h(\Gamma)$ 的单元的集合.

取 6.2 小节中有限元空间 V_h 为以下的 CR 和 ECR 有限元空间：

· CR 有限元空间：$V_h = \left\{ v \in V_h^{\mathrm{CR}} : \sum_{i=1}^{K} \int_{\Gamma_i} v = 0 \right\}$.

· ECR 有限元空间：$V_h = \left\{ v \in V_h^{\mathrm{ECR}} : \sum_{i=1}^{K} \int_{\Gamma_i} v = 0 \right\}$.

取 $V(h) := V + V_h$. 定义 $a_h(\cdot, \cdot)$ 为

$$a_h(u_h, v_h) := \sum_{\kappa \in \pi_h} \int_\kappa \nabla u_h \cdot \nabla v_h, \forall u_h, v_h \in V(h). \tag{6.3.7}$$

问题（6.3.4）的离散变分公式为：求 $(\lambda_h, u_h) \in \mathbb{R} \times V_h$ 且 $|u_h|_b \neq 0$ 使得

$$a_h(u_h, v_h) = \lambda_h b(u_h, v_h), \forall v_h \in V_h. \tag{6.3.8}$$

文献[44]的 II.2.1 中理论可以证明离散问题（6.3.8）有 $2K$ 个正特征值.

空间 $V(h)$ 上的范数用 $\|\cdot\|_h$ 表示，由如下给出：

$$\| v \|_h = \left(\sum_{\kappa \in \pi_h} \int_\kappa |\nabla v|^2 \right)^{1/2}, \forall v \in V(h), \tag{6.3.9}$$

且半范 $|\cdot|_b$ 是：

$$|v|_b^2 = \sum_{i=1}^{K} \left(\sum_{e \in \varepsilon_h(\Gamma_i)} \int_e v \, \boldsymbol{n} \right) \cdot \left(\sum_{e \in \varepsilon_h(\Gamma_i)} \int_e v \, \boldsymbol{n} \right)$$

$$= \sum_{i=1}^{K} \left[\left(\sum_{e \in \varepsilon_h(\Gamma_i)} \int_e v \, n_1 \right)^2 + \left(\sum_{e \in \varepsilon_h(\Gamma_i)} \int_e v \, n_2 \right)^2 \right].$$

对不同的边 e 来说，$\boldsymbol{n} = (n_1, n_2)$ 可能不同.

因为在空间$V(h)$中，$a_h(\cdot,\cdot)$是对称且正定的，因此它是$V(h)$的内积。根据加强的 Cauchy-Schwarz 不等式（见文献[52]中定理 1 和附注 1），可知$V(h)$中任意 Cauchy 序列$\{\tilde{v}_i\}$有唯一分割$\tilde{v}_i = v_i + v_{i,h}$，$v_i \in V$，$v_{i,h} \in V_h$。因为$\|v_{i,h}\|_h$是有界的，则序列$\{v_{i,h}\}$有收敛子列$\{v_{i_k,h}\}$。假设其收敛于$v_h \in V_h$。进一步地，序列$\{v_i\}$的子列$\{v_{i_k}\}$也是$V$中的 Cauchy 列且收敛于$v \in V$。则有$\tilde{v}_i$的子列$\{v_{i_k,h} + v_{i_k}\}$收敛于$v + v_h \in V(h)$。由极限的唯一性可得，Cauchy 序列$\{\tilde{v}_i\}$收敛于$v + v_h \in V(h)$。由此可知，$V(h)$是一个 Hilbert 空间。

接下来，我们定义 Hilbert 空间$V(h)$上的另一种范数$\|v\|_{1,h} = \left(\|v\|_h^2 + \|v\|_{L^2(\Omega)}^2 \right)^{\frac{1}{2}}$，其与范数$\|v\|_h$等价。由此可以确保双线性型$a_h(\cdot,\cdot)$在$V(h)$上的强制性。

引理 6.3.3　对任意$v \in V(h)$，范数$\|v\|_h$和$\|v\|_{1,h}$等价。

证明：根据$\|v\|_h$和$\|v\|_{1,h}$的定义，可立即得出$\|v\|_h \leqslant \|v\|_{1,h}$。接下来证明，对于任何$v \in V(h)$，存在常数$C$使得

$$\|v\|_{1,h} \leqslant C \|v\|_h. \tag{6.3.10}$$

若不等式（6.3.10）不成立，则存在序列$\{v_i\} \subset V(h)$使得

$$\|v_j\|_{1,h} = 1,\text{对所有 } j \geqslant 1, \lim_{j\to\infty} \|v_j\|_h = 0. \tag{6.3.11}$$

一方面，由于序列$\{v_j\}$在$V(h)$中有界，且从[132]可知，存在一个子列，为了方便表示，仍记为$\{v_j\}$，在$L^2(\Omega)$中收敛。根据式（6.3.11），$\lim_{j\to\infty}|v_j|_{1,h} = \lim_{j\to\infty} \|v_j\|_h = 0$，因此序列$\{v_j\}$在$V(h)$中范数$\|\cdot\|_{1,h}$意义下收敛。因为$V(h)$是完备的，$\{v_j\}$的极限$w$属于$V(h)$且满足

$$\|w\|_{1,h} = \lim_{j\to\infty} \|v_j\|_{1,h} = 1. \tag{6.3.12}$$

另一方面，从式（6.3.11）可知$\|w\|_h = \lim_{j\to\infty} \|v_j\|_h = 0$，即有$w$是常数。注意到在空间$V(h)$中，有$\sum_{i=1}^K \int_{\Gamma_i} w = w \sum_{i=1}^K |\Gamma_i| = 0$，得到$w = 0$。则有$\|w\|_{1,h} = 0$，这与式（6.3.12）的结果矛盾。因此，式（6.3.10）成立。证毕。$\square$

接下来验证与问题（6.3.1）相关的设定满足上一节框架中要求的条件。注意，$a_h(\cdot,\cdot)$和$b(\cdot,\cdot)$是$V(h)$中的对称双线性型，前者是椭圆和连续的，

后者是半正定的.现在验证 $b(\cdot,\cdot)$ 的连续性.

由 Schwarz's 不等式，对于任意 $f \in V(h)$ 都有

$$|f|_b^2 = \sum_{i=1}^{K}\left[\left(\sum_{e\in\varepsilon_h(\Gamma_i)}\int_e f\, n_1\right)^2 + \left(\sum_{e\in\varepsilon_h(\Gamma_i)}\int_e f\, n_2\right)^2\right]$$

$$\leqslant \sum_{i=1}^{K}\left\{\left[\sum_{e\in\varepsilon_h(\Gamma_i)}|n_1|\sqrt{|e|}\left(\int_e f^2\right)^{\frac{1}{2}}\right]^2 + \left[\sum_{e\in\varepsilon_h(\Gamma_i)}|n_2|\sqrt{|e|}\left(\int_e f^2\right)^{\frac{1}{2}}\right]^2\right\}$$

$$\leqslant \sum_{i=1}^{K}\left[\sum_{e\in\varepsilon_h(\Gamma_i)}\left(n_1^2+n_2^2\right)|e|\right]\left(\sum_{e\in\varepsilon_h(\Gamma_i)}\int_e f^2\right)$$

$$\leqslant \max_{i=1,2,\cdots,K}\{|\Gamma_i|\}\sum_{e\in\varepsilon_h(\Gamma)}\int_e f^2 = \max_{i=1,2,\cdots,K}\{|\Gamma_i|\}\sum_{e\in\varepsilon_h(\Gamma)}\|f\|_{L^2(e)}^2. \quad (6.3.13)$$

由 Schwarz's 不等式和迹不等式推出

$$|b(u,v)| = \left|\sum_{i=1}^{K}\left(\sum_{e\in\varepsilon_h(\Gamma_i)}\int_e u\,\boldsymbol{n}\right)\cdot\left(\sum_{e\in\varepsilon_h(\Gamma_i)}\int_e v\,\boldsymbol{n}\right)\right|$$

$$= \left|\sum_{i=1}^{K}\left(\sum_{e\in\varepsilon_h(\Gamma_i)}\int_e u\,n_1 \sum_{e\in\varepsilon_h(\Gamma_i)}\int_e v\,n_1 + \sum_{e\in\varepsilon_h(\Gamma_i)}\int_e u\,n_2 \sum_{e\in\varepsilon_h(\Gamma_i)}\int_e v\,n_2\right)\right|$$

$$\leqslant \sum_{i=1}^{K}\left[\left(\sum_{e\in\varepsilon_h(\Gamma_i)}\int_e u\,n_1\right)^2 + \left(\sum_{e\in\varepsilon_h(\Gamma_i)}\int_e u\,n_2\right)^2\right]^{\frac{1}{2}}\cdot\left[\left(\sum_{e\in\varepsilon_h(\Gamma_i)}\int_e v\,n_1\right)^2 + \left(\sum_{e\in\varepsilon_h(\Gamma_i)}\int_e v\,n_2\right)^2\right]^{\frac{1}{2}}$$

$$\leqslant |u|_b|v|_b \leqslant C\|u\|_h\|v\|_h, \forall u,v\in V(h),$$

这意味着 $b(\cdot,\cdot)$ 的连续性成立.

考虑 V 中 $\|\cdot\|_a$ 意义下的有界序列. 由式（6.3.5）得该序列在 $\|\cdot\|_{H^1(\Omega)}$ 下也是有界的. 文献[129] 中定理 10.2.2 表明 V 中 $\|\cdot\|_{H^1(\Omega)}$ 意义下的有界序列存在 $\|\cdot\|_{L^2(\partial\Omega)}$ 意义下的 Cauchy 子列. 由式（6.3.13）可知该子列在 $|\cdot|_b$ 意义下也是 Cauchy 列, 即上述设定满足前一节框架中的条件（C1）.

空间 V_h 的构造是复杂的. 因此, 在实际计算中, 我们希望简化该空间的构造. 为此, 我们需要证明下列引理.

为符号使用方便, 本章用 $\widetilde{V}_h$ 来表示非协调有限元空间 V_h^{CR} 或 V_h^{ECR}.

在空间 $\widetilde{V}_h$ 上定义如下特征值问题: 求 $(\widetilde{\lambda}_h, \widetilde{u}_h) \in \mathbb{R} \times \widetilde{V}_h$, 使得

$$a_h(\widetilde{u}_h, v_h) = \widetilde{\lambda}_h b(\widetilde{u}_h, v_h), \quad \forall v_h \in \widetilde{V}_h. \quad (6.3.14)$$

与式（6.3.8）不同, 问题（6.3.14）有与常特征函数对应的零特征值.

引理 6.3.4　表示 $|\Gamma| = \sum_{i=1}^{k} |\Gamma_i|$ 且令 $\widetilde{\lambda}_h$ 是式（6.3.14）的非零特征值. 则

$$(\lambda_h, u_h) = \left(\widetilde{\lambda}_h, \widetilde{u}_h - \frac{1}{|\Gamma|} \sum_{i=1}^{K} \left(\sum_{e \in \varepsilon_h(\Gamma_i)} \int_e \widetilde{u}_h \right) \right)$$

是式（6.3.8）的特征对.

证明: 该证明与引理 6.3.2 类似.

注 6.3.1　根据引理 6.3.4 可知, 在实际计算中, 可以通过构造空间 $\widetilde{V}_h$ 来简化空间 V_h 的构造. 也就是说, 我们只需要计算特征值问题（6.3.14）而不用计算特征值问题（6.3.8）.

参考上一节中提到的投影算子 P_h 的定义, 下面定义与 $a_h(\cdot, \cdot)$ 相关的投影算子 $P_h: V(h) \to V_h$ 使得, 对 $u \in V(h)$, $P_h u$ 满足

$$a_h(u - P_h u, v_h) = 0, \quad \forall v_h \in V_h.$$

接下来, 我们的目标是计算满足式（6.1.21）的常数 C_h. 为计算 C_h. 作准备, 引入下列插值算子 $I_h: V(h) \to V_h$:

· 对于 CR 有限元, 插值算子 $I_h: V(h) \to V_h$ 定义为

$$\int_e I_h u = \int_e u; \quad \forall e \in \varepsilon_h;$$

·对于 ECR 有限元，插值算子 $I_h : V(h) \to V_h$ 定义为

$$\int_e I_h u = \int_e u \, ; \int_\kappa I_h u = \int_\kappa u, \quad \forall e \in \varepsilon_h, \kappa \in \pi_h.$$

从文献[94]中第 5 节和文献[68]中等式（7.4）知，对每个单元 $\kappa \in \pi_h$，有

$$\int_\kappa \nabla (u - I_h u) \cdot \nabla v_h = 0, \quad \forall v_h \in V_h. \tag{6.3.15}$$

此外，我们给出了 I_h 的误差估计，这将被用来求式（6.1.21）中 C_h 的明确值.

用 H_κ 表示三角形 κ 的相对于边 e 的高，$\| v \|_{h,\kappa} = (\int_\kappa |\nabla v|^2)^{1/2}$. 从文献[180] 中的定理 3.2 和文献[153]中的定理 3，可得下列引理.

引理 6.3.5 给定单元 κ，下列误差估计对任意 $u \in V|_\kappa$ 成立：

$$\| u - I_h u \|_{0,e} \leqslant \beta \frac{h_\kappa}{\sqrt{H_\kappa}} \| u - I_h u \|_{h,\kappa}, \tag{6.3.16}$$

这里

·$\beta = 0.6711$，对 CR 有限元；

·$\beta = 0.5852$，对 ECR 有限元.

定理 6.3.1 若 $u \in V$，下列误差估计成立：

$$|u - I_h u|_b \leqslant \beta \sqrt{\max_{i=1,2,\cdots,K} \{|\Gamma_i|\} \cdot \max_{\kappa \in \pi_h^\Gamma} \left\{ \frac{h_\kappa}{\sqrt{H_\kappa}} \right\}} \| u - I_h u \|_h, \tag{6.3.17}$$

这里，H_κ 表示 κ 的边所对应的高，这条边位于 $\Gamma_i (i = 1, 2, \cdots, K)$ 上.

证明： 取式（6.3.13）中 $f = u - I_h u$，推出

$$|u - I_h u|_b^2 \leqslant \max_{i=1,2,\cdots,K} \{|\Gamma_i|\} \sum_{e \in \varepsilon_h(\Gamma)} \| u - I_h u \|_{0,e}^2.$$

注意到 π_h 的单元 κ 至多有一条边在边界上，由式（6.3.16）可推出

$$|u - I_h u|_b^2 \leqslant \max_{i=1,2,\cdots,K} \{|\Gamma_i|\} \sum_{\kappa \in \pi_h^\Gamma} \beta^2 \frac{h_\kappa^2}{H_\kappa} \| u - I_h u \|_{h,\kappa}^2.$$

然后得式（6.3.17）.

下列定理为问题（6.3.1）的特征值 λ_k 提供了明确的下界.

定理 6.3.2 设 λ_k 和 $\lambda_{k,h}$ 分别是式（6.3.4）和式（6.3.8）的第 k 个特征值. 下列特征值的下界估计成立：

$$\lambda_k \geqslant \frac{\lambda_{k,h}}{1 + C_h^2 \lambda_{k,h}} \ , \qquad (6.3.18)$$

这里 $C_h = \beta \sqrt{\max\limits_{i=1,2,\cdots,K}\{|\Gamma_i|\} \cdot \max\limits_{\kappa \in \pi_h^\Gamma}\left\{\frac{h_\kappa}{\sqrt{H_\kappa}}\right\}}.$

证明： 根据式（6.3.15）和 P_h 的定义，插值算子 I_h 实际上是一个投影算子. 因此，取 $P_h = I_h$. 然后根据定理 6.3.1，我们求得常数 $C_h = \beta \sqrt{\max\limits_{i=1,2,\cdots,K}\{|\Gamma_i|\} \cdot}$

$\max\limits_{\kappa \in \pi_h^\Gamma}\left\{\frac{h_\kappa}{\sqrt{H_\kappa}}\right\}$ 且满足

$$|u - P_h u|_b \leqslant \|u - P_h u\|_h, \forall u \in V.$$

从引理 6.2.2 可得结论，证毕.

6.3.2　流体的晃动模式

本小节考虑以下特征值问题：求特征值 $\lambda \in \mathbb{R}$，且特征函数 $u \neq 0$，使得

$$\begin{cases} \Delta u = 0 & \text{在}\,\Omega\,\text{内}, \\ \dfrac{\partial u}{\partial \boldsymbol{n}} = \lambda u & \text{在}\,\Gamma_0\,\text{上}, \\ \dfrac{\partial u}{\partial \boldsymbol{n}} = 0 & \text{在}\,\Gamma_1\,\text{上}, \end{cases} \qquad (6.3.19)$$

这里 $\Omega \subset \mathbb{R}^2$ 是一个有界多边形区域. Γ_0 和 Γ_1 表示 $\partial\Omega = \Gamma$ 的不相交的开子集，使得 $\partial\Omega = \bar\Gamma_0 \cup \bar\Gamma_1$ 且 $|\Gamma_0| \neq 0$. $\frac{\partial}{\partial \boldsymbol{n}}$ 是 $\partial\Omega$ 的外法向导.

为了应用 6.2 节中的结果，取 Hilbert 空间

$$V := \left\{ v \in H^1(\Omega), \int_{\Gamma_0} v = 0 \right\}.$$

定义

$$a(u,v) := \int_\Omega \nabla u \cdot \nabla v \ \text{且}\ b(u,v) := \int_{\Gamma_0} u v. \qquad (6.3.20)$$

定义半范数 $|\cdot|_b$ 为

$$|u|_b = \sqrt{b(u,u)}.$$

则式（6.3.19）的变分特征值问题是：求 $(\lambda, u) \in \mathbb{R} \times V$ 且 $|u|_b \neq 0$，使得

$$a(u,v) = \lambda b(u,v), \forall v \in V. \qquad (6.3.21)$$

对于晃动问题，取非协调有限元空间V_h为:

· CR 有限元空间

$$V_h = \left\{ v \in V_h^{\text{CR}} : \int_{\Gamma_0} v = 0 \right\}.$$

· ECR 有限元空间

$$V_h = \left\{ v \in V_h^{\text{ECR}} : \int_{\Gamma_0} v = 0 \right\}.$$

与前一个特征值问题的讨论类似，这里也可设定$V(h) = V + V_h$并由式（6.3.7）和式（6.3.9）分别定义双线性型$a_h(\cdot, \cdot)$和$V(h)$上的范数$\| \cdot \|_h$.

问题式（6.3.21）的离散变分公式是： 求$(\lambda_h, u_h) \in \mathbb{R} \times V_h$且$|u_h|_b \neq 0$，使得

$$a_h(u_h, v_h) = \lambda_h b(u_h, v_h), \forall v_h \in V_h. \tag{6.3.22}$$

用与前一小节几乎相同的论证，我们可以证明与该特征值问题相关的设定满足条件$b(\cdot, \cdot)$对称连续和条件（C1）.

注 6.3.2 通过在前一小节定义的空间$\widetilde{V}_h$上计算以下特征值问题，可以简化空间V_h的构造. 求$(\widetilde{\lambda}_h, \widetilde{u}_h) \in \mathbb{R} \times \widetilde{V}_h$使得

$$a_h(\widetilde{u}_h, v_h) = \widetilde{\lambda}_h b(\widetilde{u}_h, v_h), \quad \forall v_h \in \widetilde{V}_h. \tag{6.3.23}$$

显然地，式（6.3.22）中的特征对是式（6.3.23）中的特征对. 现在，我们证明式（6.3.23）中的非零特征对是式（6.3.22）中的非零特征对. 因为对任意$v_h \in \widetilde{V}_h$，式（6.3.23）都成立，因此选择v_h 为一个非零常数C，然后推出

$$0 = \widetilde{\lambda}_h C \int_{\Gamma_0} \widetilde{u}_h$$

由此有$\int_{\Gamma_0} \widetilde{u}_h = 0$，即$\widetilde{u}_h \in V_h$.

利用与 6.3.1 小节中定理 6.3.1 和 6.3.2 类似的论证，我们证明下列定理.

定理 6.3.3 给定$u \in V$，下列误差估计成立:

$$\| u - I_h u \|_b \leqslant \beta \max_{\kappa \in \pi_h^{\Gamma_0}} \left\{ \frac{h_\kappa}{\sqrt{H_\kappa}} \right\} \| u - I_h u \|_h. \tag{6.3.24}$$

证明：注意到π_h的单元κ至多有一条边在边界上，根据式（6.3.16） 可推出

$$\| u - I_h u \|_b^2 = \sum_{e \in \varepsilon_h(\Gamma_0)} \| u - I_h u \|_{0,e}^2 \leq \sum_{\kappa \in \pi_h^{\Gamma_0}} \beta^2 \frac{h_\kappa^2}{H_\kappa} \| u - I_h u \|_{h,\kappa}^2.$$

然后可立即得到式（6.3.24）.

定理 6.3.4　设 λ_k 和 $\lambda_{k,h}$ 分别是式（6.3.21）和式（6.3.22）的第 k 个特征值. 下列特征值的下界估计成立:

$$\lambda_k \geq \frac{\lambda_{k,h}}{1 + C_h^2 \lambda_{k,h}}, \tag{6.3.25}$$

这里 $C_h = \beta \max\limits_{\kappa \in \pi_h^{\Gamma_0}} \left\{ \frac{h_\kappa}{\sqrt{H_\kappa}} \right\}$.

证明：　由式（6.3.15）和 P_h 的定义可知，插值算子 I_h 就是一个投影算子. 因此，取 $P_h = I_h$. 从定理 6.3.3，可求得常数 $C_h = \beta \max\limits_{\kappa \in \pi_h^{\Gamma_0}} \left\{ \frac{h_\kappa}{\sqrt{H_\kappa}} \right\}$ 且满足

$$\| u - P_h u \|_b \leq C_h \| u - P_h u \|_h, \text{对所有} u \in V.$$

从引理 6.2.2 可得结论，证毕.

注 6.3.3　常见的 Steklov 型特征值问题：求特征值 $\lambda \in \mathbb{R}$ 和特征函数 $u \neq 0$，使得

$$\begin{cases} \Delta u = 0 & \text{在} \Omega \text{中}, \\ \dfrac{\partial u}{\partial \boldsymbol{n}} = \lambda u & \text{在} \partial\Omega \text{上}. \end{cases} \tag{6.3.26}$$

是问题（6.3.19）当 $\Gamma_0 = \partial\Omega$ 和 $\Gamma_1 = \emptyset$ 时的特殊情况. 因此，本小节中的推导方法及推导的所有结论对式（6.3.26）都是成立的.

注 6.3.4　根据文献[6]中的引理 2.2，文献[79]中的引理 4.1，文献[187] 中的引理 3.1，对本文所考虑的两个问题，有如下展开式

$$\lambda - \lambda_h = a_h(u - u_h, u - u_h) - \lambda_h b(u - u_h, u - u_h) - 2\lambda_h b(u - I_h u, u_h) + 2a_h(u - I_h u, u_h). \tag{6.3.27}$$

式（6.3.27）右边的第一项是主项，其他项是高阶项. 通过对 CR（或 ECR）有限元逼近的标准误差估计可知，当网格直径足够小时，第二项是

第一项的高阶无穷小.对问题（6.3.1）和（6.3.19）分别从式（6.3.17）和式（6.3.24），可推出无论特征函数是否奇异，第三项都是高阶量.从式（6.3.15）可得最后一项等于 0.因此，式（6.3.27）右边的正负由第一项决定，这意味着无论特征函数是否奇异，问题（6.3.1）和（6.3.19）的特征值的渐近下界总是可以由非协调 CR 和 ECR 有限元得到.

6.4　数值实验

本节将展示与理论分析相符的数值结果.对流固振动的 Laplace 模型，应用定理 6.3.2 能得到明确的下谱界.对于流体的晃动模式，利用定理 6.3.4 可以得到明确下谱界.让 C_h 表示提供明确值的常数且 $\lambda_{j,h}^G$ 表示 λ_j 的明确下界.$\lambda_{j,h}$ 是由非协调 CR 或 ECR 有限元在一致网格上计算而得.

6.4.1　流固振动的 Laplace 模型的数值结果

考虑两种情况，首先是边长为 $2\sqrt{2}$ 的菱形管位于边长为 8 的正方形腔中[图 6.1（a）]；其次是两根方形管充满流体的方形腔中[图 6.1（b）].

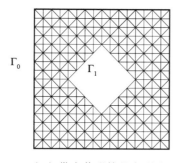
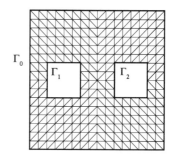

（a）带有菱形管的方形腔　　　（b）带有两个方形管的方形腔

图 6.1　区域和直径为 $h = \frac{\sqrt{2}}{2}$ 的网格

例 6.4.1　在带有菱形管的方形腔上求解问题（6.3.1）.

例 6.4.1 有两个相同的正特征值，因此，在表 6.1 和 6.2 中仅列出一个.参考值 $\lambda_1 = 0.07896$，取自文献[8]中第 6 节.

表 6.1　例 6.4.1 的特征值的明确下界：CR 有限元

h	C_h	$\lambda_{1,h}$	$\lambda_{1,h}^G$
$\dfrac{\sqrt{2}}{4}$	1.8982	0.07625	0.05982
$\dfrac{\sqrt{2}}{8}$	1.3422	0.07786	0.06828
$\dfrac{\sqrt{2}}{16}$	0.9491	0.07852	0.07333
$\dfrac{\sqrt{2}}{32}$	0.6711	0.07878	0.07608

表 6.2　例 6.4.1 的特征值的明确下界：ECR 有限元

h	C_h	$\lambda_{1,h}$	$\lambda_{1,h}^G$
$\dfrac{\sqrt{2}}{4}$	1.6552	0.07625	0.06307
$\dfrac{\sqrt{2}}{8}$	1.1704	0.07786	0.07036
$\dfrac{\sqrt{2}}{16}$	0.8276	0.07852	0.07451
$\dfrac{\sqrt{2}}{32}$	0.5852	0.07878	0.07671

例 6.4.2　在带有两个方形管的方形腔上求解问题（6.3.1）.

　　例 6.4.2 有四个正特征值. 表 6.3 中仅列出前两个数值特征值及其相应的明确下界. 为减少计算量，我们使用了文献[8]中 5.1 节的一些计算技巧. 从表 6.1 至表 6.4 中可见，该问题特征值的渐近下界可以通过非协调 CR、ECR 有限元获得，这与注 6.3.4 的结论是一致的. 另外，也可以看到无论网格直径是多少，都可以获得特征值明确的下界.

表 6.3 例 6.4.2 的特征值的明确下界：CR 有限元

h	C_h	$\lambda_{1,h}$	$\lambda_{1,h}^G$	$\lambda_{2,h}$	$\lambda_{2,h}^G$
$\dfrac{\sqrt{2}}{4}$	1.3422	0.19730	0.14556	0.17183	0.13121
$\dfrac{\sqrt{2}}{8}$	0.9491	0.20366	0.17209	0.17756	0.15307
$\dfrac{\sqrt{2}}{16}$	0.6711	0.20629	0.18875	0.17992	0.16643
$\dfrac{\sqrt{2}}{32}$	0.4745	0.20735	0.19810	0.18087	0.17379

表 6.4 例 6.4.2 的特征值的明确下界：ECR 有限元

h	C_h	$\lambda_{1,h}$	$\lambda_{1,h}^G$	$\lambda_{2,h}$	$\lambda_{2,h}^G$
$\dfrac{\sqrt{2}}{4}$	1.1704	0.19730	0.15532	0.17183	0.13909
$\dfrac{\sqrt{2}}{8}$	0.8276	0.20366	0.17873	0.17756	0.15830
$\dfrac{\sqrt{2}}{16}$	0.5852	0.20629	0.19268	0.17992	0.16948
$\dfrac{\sqrt{2}}{32}$	0.4138	0.20735	0.20024	0.18087	0.17544

6.4.2 包含在 Ω 中的二维流体的晃动模式的结果

例 6.4.3 在带有 Γ_0 和 Γ_1 的区域 $\Omega_S = [0,1]^2$（如图 6.2 所示）上解问题（6.3.19）的近似特征值.

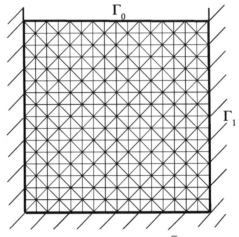

图 6.2　区域和直径为 $h = \frac{\sqrt{2}}{16}$ 的网格

例 6.4.3 对应于计算带有水平自由面 Γ_0 的区域 Ω_S 中的二维流体的晃动模式. 这个问题的准确值是 $\lambda_n = n\pi \tanh(n\pi)$，这里 $n \in \mathbb{N}$. 表 6.5、表 6.6 只列出了两个数值特只列出了两个数值特征值 $\lambda_{1,h}$，$\lambda_{4,h}$ 和相应的下界 $\lambda_{1,h}^G$，$\lambda_{4,h}^G$. 从表 6.5、表 6.6 中，一方面，可知当网格直径充分小时，特征值 λ_1 和 λ_4 的渐近下界可以得到. 然而，当网格直径是 $\frac{\sqrt{2}}{4}$ 时，$\lambda_{4,h}$ 比准确值大. 另一方面，也可见到无论网格直径是多少，$\lambda_{4,h}^G$ 都是准确值的下界.

表 6.5　例 6.4.3 的特征值的明确下界：CR 有限元

h	C_h	$\lambda_{1,h}$	$\lambda_{1,h}^G$	$\lambda_{4,h}$	$\lambda_{4,h}^G$
$\frac{\sqrt{2}}{4}$	0.4745	2.89619	1.75295	24.00000	3.74736
$\frac{\sqrt{2}}{8}$	0.3356	3.03785	2.26360	8.67824	4.38934
$\frac{\sqrt{2}}{16}$	0.2373	3.10344	2.64187	11.19333	6.86644
$\frac{\sqrt{2}}{32}$	0.1678	3.12288	2.87055	12.15078	9.05406
$\frac{\sqrt{2}}{64}$	0.1186	3.12808	2.99618	12.45341	10.59620

表 6.6 例 6.4.3 的特征值的明确下界: ECR 有限元

h	C_h	$\lambda_{1,h}$	$\lambda_{1,h}^G$	$\lambda_{4,h}$	$\lambda_{4,h}^G$
$\dfrac{\sqrt{2}}{8}$	0.2069	3.03785	2.68826	8.67824	6.32759
$\dfrac{\sqrt{2}}{16}$	0.1463	3.10344	2.91014	11.19333	9.02995
$\dfrac{\sqrt{2}}{32}$	0.1034	3.12288	3.02189	12.15078	10.75256
$\dfrac{\sqrt{2}}{64}$	0.0732	3.12808	3.07659	12.45341	11.67540

7　重调和特征值问题Ciarlet-Raviart 混合法的多网格离散

　　Boffi 在文献[18]中将特征值问题的混合变分形式划分为两种类型，即第一类混合变分形式和第二类混合变分形式. 文献[63]中的 Stokes 特征值问题和文献[98，167，191]中的 Maxwell 特征值问题的混合变分形式属于第一类，而 Ciarlet-Raviart（C-R）混合变分形式属于第二类. 需要注意的是，C-R 混合有限元法不能完全满足 Brezzi-Babuska 定理中的条件，且 C-R 混合法的误差分析基于 Ciarlet[42]，Scholz [126]和 Falk-Osborn [53]的论证. 尽管二网格离散应用广泛，但基于移位反迭代的二网格离散方法还没有应用到第二类混合变分形式.

　　本章将对板振动和板屈曲特征值问题的 C-R 混合法建立基于移位反迭代的二网格离散方案. 这是首次对第二类混合变分形式提出基于移位反迭代的二网格离散方案. 文献[167]中引理 4.1 对于二网格近似解的误差估计至关重要. 但其要求近似解算子 T_h 在内积 $(\cdot,\cdot)_{H_0^1(\Omega)}$ 下自共轭的，不能直接应用到本章所讨论的板振动问题，这是本书理论分析的一个难点. 为分析二网格近似解误差估计，本章将对文献[167]中引理 4.1 进行推广，相关的研究工作不能被现有理论覆盖.

7.1　特征值问题及基本误差估计

　　设 $\Omega \subset \mathbb{R}^2$ 是带有边界 $\partial\Omega$ 的有界凸区域. 本章考虑两个带有固定边界条件的重调和特征值问题.

第一个问题:

$$\Delta^2 u = \lambda u, \qquad\qquad 在\Omega内, \qquad\qquad (7.1.1)$$

$$u = \frac{\partial u}{\partial \boldsymbol{v}} = 0, \qquad\qquad 在\partial\Omega上; \qquad\qquad (7.1.2)$$

第二个问题:

$$\Delta^2 u = -\lambda\Delta u, \qquad 在\Omega内, \qquad\qquad (7.1.3)$$

$$u = \frac{\partial u}{\partial \boldsymbol{v}} = 0, \qquad 在\partial\Omega上. \qquad\qquad (7.1.4)$$

实际上,第一个问题是板振动问题,第二个问题是板屈曲问题. 定义双线性$a(\cdot,\cdot)$, $b(\cdot,\cdot)$和$(\cdot,\cdot)_D$ 为

$$a(\psi, v) = \int_\Omega \psi v \mathrm{d}x,$$

$$b(\psi, v) = -\int_\Omega \nabla\psi \cdot \nabla v \mathrm{d}x,$$

$$(\psi, v)_D = \begin{cases} \displaystyle\int_\Omega \psi v \mathrm{d}x, & 对于问题(7.1.1)、问题(7.1.2), \\ \displaystyle\int_\Omega \nabla\psi \cdot \nabla v \mathrm{d}x, & 对于问题(7.1.3)、问题(7.1.4). \end{cases}$$

设D是带有内积$(\cdot,\cdot)_D$和范数$\|\cdot\|_D = \sqrt{(\cdot,\cdot)_D}$ 的实 Hilbert 空间. 对式(7.1.1)、式(7.1.2),$D = L^2(\Omega)$;对式(7.1.3)、式(7.1.4),$D = H_0^1(\Omega)$.

令$\sigma = -\Delta u$,则式(7.1.1)、式(7.1.2)和式(7.1.3)、式(7.1.4)都能写为 C-R 混合变分形式:求$(\lambda, \sigma, u) \in \mathbb{R} \times H^1(\Omega) \times H_0^1(\Omega)$,使得$(\sigma, u) \neq (0, 0)$且

$$a(\sigma, \psi) + b(\psi, u) = 0, \qquad \forall\psi \in H^1(\Omega), \qquad (7.1.5)$$

$$b(\sigma, \varphi) = -\lambda(u, \varphi)_D, \qquad \forall\varphi \in H_0^1(\Omega). \qquad (7.1.6)$$

定义

$$V_h = \{v \in C(\bar{\Omega}) \cap H^1(\Omega): v|_\kappa \in P, \forall \kappa \in \pi_h\},$$
$$V_h^0 = \{v \in V_h; v|_{\partial\Omega} = 0\},$$

这里P在单元κ上是一个多项式空间，满足包含关系$P \supset P_m$，而且P_m是有2个变量且次数$\leq m$的所有多项式的集合．上述有限元空间包括 Lagrange 有限元空间[42]和谱元空间[28, 128]．本章假设$m \geq 2$．

将式（7.1.5）、式（7.1.6）限制到上述有限元空间，可得相应的离散混合变分形式:求$(\lambda_h, \sigma_h, u_h) \in \mathbb{R}^+ \times V_h \times V_h^0$，$(\sigma_h, u_h) \neq (0,0)$，使得

$$a(\sigma_h, \psi) + b(\psi, u_h) = 0, \qquad \forall \psi \in V_h, \tag{7.1.7}$$
$$b(\sigma_h, \varphi) = -\lambda_h(u_h, \varphi)_D, \qquad \forall \varphi \in V_h^0. \tag{7.1.8}$$

考虑相关的源问题和近似源问题．

给定$f \in D$，求$(p, \omega) \in H^1(\Omega) \times H_0^1(\Omega)$，使得

$$a(p, \psi) + b(\psi, \omega) = 0, \qquad \forall \psi \in H^1(\Omega), \tag{7.1.9}$$
$$b(p, \varphi) = -(f, \varphi)_D, \qquad \forall \varphi \in H_0^1(\Omega). \tag{7.1.10}$$

给定$f \in D$，求$(p_h, \omega_h) \in V_h \times V_h^0$，使得

$$a(p_h, \psi) + b(\psi, \omega_h) = 0, \qquad \forall \psi \in V_h, \tag{7.1.11}$$
$$b(p_h, \varphi) = -(f, \varphi)_D, \qquad \forall \varphi \in V_h^0. \tag{7.1.12}$$

根据文献[11]中第 11 节，定义相应的解算子如下:

$T: D \to H_0^1(\Omega)$, $S: D \to H^1(\Omega)$: 对所有$f \in D$，有

$$a(Sf, \psi) + b(\psi, Tf) = 0, \qquad \forall \psi \in H^1(\Omega), \tag{7.1.13}$$
$$b(Sf, \varphi) = -(f, \varphi)_D, \qquad \forall \varphi \in H_0^1(\Omega). \tag{7.1.14}$$

$T_h: D \to V_h^0 \subset H_0^1(\Omega)$, $S_h: D \to V_h \subset H^1(\Omega)$: 对所有$f \in D$，有

$$a(S_h f, \psi) + b(\psi, T_h f) = 0, \qquad \forall \psi \in V_h, \tag{7.1.15}$$
$$b(S_h f, \varphi) = -(f, \varphi)_D, \qquad \forall \varphi \in V_h^0. \tag{7.1.16}$$

则问题（7.1.5）、问题（7.1.6）有下列等价的算子形式

$$\lambda T u = u, \quad \sigma = S(\lambda u). \tag{7.1.17}$$

问题（7.1.7）、问题（7.1.8）有下列等价的算子形式

$$\lambda_h T_h u_h = u_h, \ \sigma_h = S_h(\lambda_h u_h). \tag{7.1.18}$$

用类似于文献[11]中753页的证明方法容易验证$T: D \to D$和$T_h: D \to D$在内积$(\cdot, \cdot)_D$意义下都是自共轭且全连续的. 遗憾的是，对问题（7.1.1）、问题（7.1.2），当$D = L^2(\Omega)$时，不能证明T和T_h在$H_0^1(\Omega)$上是自共轭的. 正因为如此，文献[167]中引理4.1不能直接应用到这里.

根据自共轭全连续算子的谱逼近理论可知式（7.1.5）、式（7.1.6）的特征值可排序为

$$0 < \lambda_1 \leqslant \lambda_2 \leqslant \cdots \leqslant \lambda_k \leqslant \cdots \nearrow + \infty,$$

相应的特征函数是

$$(\sigma_1, u_1), (\sigma_2, u_2), \cdots, (\sigma_k, u_k), \cdots,$$

这里$(u_i, u_j)_D = \delta_{ij}$.

式（7.1.7）、式（7.1.8）的特征值可排序为

$$0 < \lambda_{1,h} \leqslant \lambda_{2,h} \leqslant \cdots \leqslant \lambda_{k,h} \leqslant \cdots \nearrow + \infty,$$

相应的特征函数是

$$(\sigma_{1,h}, u_{1,h}), (\sigma_{2,h}, u_{2,h}), \cdots, (\sigma_{k,h}, u_{k,h}), \cdots, (\sigma_{d,h}, u_{d,h}),$$

这里$(u_{i,h}, u_{j,h})_D = \delta_{ij}$, $d = \dim V_h^0$.

表示$\mu_k = \frac{1}{\lambda_k}$, $\mu_{k,h} = \frac{1}{\lambda_{k,h}}$. 在接下来的讨论中，若无特别说明，$\mu$, μ_h, λ以及λ_h都表示第k个特征值.

假设λ的代数重数为q，$\lambda = \lambda_k = \lambda_{k+1} = \lambda_{k+2} = \cdots = \lambda_{k+q-1}$. 设$M(\lambda)$表示相应于$T$的特征值$\lambda$的所有特征函数$\{u_j\}_k^{k+q-1}$张成的空间，$M_h(\lambda)$表示相应于$T_h$的收敛于$\lambda$的特征值的特征函数$\{u_{j,h}\}_k^{k+q-1}$张成的空间. 定义

$$\| (T - T_h)|_{M(\lambda)} \|_s = \sup_{u \in M(\lambda), u \neq 0} \frac{\| (T - T_h)u \|_{s,\Omega}}{\| u \|_{s,\Omega}}, s = 0,1. \qquad （7.1.19）$$

从文献[53]中第3（a）节可知$\| T - T_h \|_1 \to 0 (h \to 0)$且

$$\| (T - T_h)|_{M(\lambda)} \|_0 \leqslant Ch^m, \qquad \| (T - T_h)|_{M(\lambda)} \|_1 \leqslant Ch^m. \qquad （7.1.20）$$

引理 7.1.1　设λ是式（7.1.5）、式（7.1.6）的第k个特征值，$M(\lambda) \subset H^{m+1}(\Omega)$，且$(\lambda_h, \sigma_h, u_h)$是问题（7.1.7）、问题（7.1.8）的第$k$个特征对，

$\| u_h \|_D = 1$. 则存在相应于λ的特征函数(σ, u)　$(\sigma = S(\lambda u))$，$\| u \|_D = 1$，使得

$$|\lambda_h - \lambda| \leqslant Ch^{2m-2}, \tag{7.1.21}$$

$$\| \sigma - \sigma_h \|_{0,\Omega} \leqslant Ch^{m-1}, \tag{7.1.22}$$

$$\| u - u_h \|_{0,\Omega} \leqslant Ch^m, \tag{7.1.23}$$

$$\| u - u_h \|_{1,\Omega} \leqslant Ch^m. \tag{7.1.24}$$

设$u \in M(\lambda)$且$\| u \|_D = 1$，则存在$u_h \in M_h(\lambda)$使得

$$\| u - u_h \|_{1,\Omega} \leqslant Ch^m. \tag{7.1.25}$$

证明：对于式（7.1.1）、式（7.1.2），根据文献[11]中定理 11.4 可知上述结论在拟一致网格上是成立的. 从文献[168]中的定理 3.3 可知上述结论在形状正规网格上成立. 对于式（7.1.3）、式（7.1.4），通过类似于文献[168]中定理 3.3 和 3.4 的证明，可以在形状正规网格上得到相同的结果.

注 7.1.1　根据文献[11]中不等式（11.42b）可知，在拟一致网格上有$\| \sigma - \sigma_h \|_1 \leqslant Ch^{m-2}$. 然而在形状正规网格上，该结论未被证明.

对$(\sigma^*, u^*) \in H^1(\Omega) \times H_0^1(\Omega)$，$u^* \neq 0$，定义 Rayleigh 商

$$\lambda^r = \frac{a(\sigma^*, \sigma^*) + 2b(\sigma^*, u^*)}{-(u^*, u^*)_D}. \tag{7.1.26}$$

引理 7.1.2　假设(λ, σ, u)是式（7.1.5）、式（7.1.6）的特征对，则对任意$(\sigma^*, u^*) \in H^1(\Omega) \times H_0^1(\Omega)$，$u^* \neq 0$，Rayleigh 商$\lambda^r$满足

$$\lambda^r - \lambda = \frac{a(\sigma^* - \sigma, \sigma^* - \sigma) + 2b(\sigma^* - \sigma, u^* - u)}{-(u^*, u^*)_D} + \lambda \frac{(u^* - u, u^* - u)_D}{-(u^*, u^*)_D}. \tag{7.1.27}$$

证明：由式（7.1.5）、式（7.1.6）得

$$a(\sigma^* - \sigma, \sigma^* - \sigma) + 2b(\sigma^* - \sigma, u^* - u) + \lambda(u^* - u, u^* - u)_D$$

$$= a(\sigma^*, \sigma^*) + b(\sigma^*, u^*) + b(\sigma^*, u^*) + \lambda(u^*, u^*)_D -$$

$$[a(\sigma^*, \sigma) + b(\sigma, u^*) + b(\sigma^*, u) + \lambda(u^*, u)_D] -$$

$$[a(\sigma, \sigma^* - \sigma) + b(\sigma^* - \sigma, u) + b(\sigma, u^* - u) + \lambda(u, u^* - u)_D]$$

$$= a(\sigma^*, \sigma^*) + 2b(\sigma^*, u^*) + \lambda(u^*, u^*)_D.$$

上式两边同时除以 $-(u^*, u^*)_D$ 得到式（7.1.27）.

我们的分析需要以下结论.

引理 7.1.3 对任意 $f \in D$，有

$$\| T_h f \|_{1,\Omega} \leqslant C \| f \|_D, \qquad （7.1.28）$$

$$\| S_h f \|_{0,\Omega} \leqslant C \| f \|_D. \qquad （7.1.29）$$

证明： 对式（7.1.15）和式（7.1.16）分别取 $\psi = S_h f$，$\varphi = T_h f$，得到

$$\| S_h f \|_{0,\Omega}^2 = -(f, T_h f)_D \leqslant C \| f \|_D \| T_h f \|_D \leqslant C \| f \|_D \| T_h f \|_{1,\Omega}. \quad （7.1.30）$$

令式（7.1.15）中 $\psi = T_h f$，则

$$\| T_h f \|_{1,\Omega}^2 = -a(S_h f, T_h f) \leqslant C \| S_h f \|_{0,\Omega} \| T_h f \|_{0,\Omega}.$$

由此可得

$$\| T_h f \|_{1,\Omega} \leqslant C \| S_h f \|_{0,\Omega}. \qquad （7.1.31）$$

将式（7.1.31）代入式（7.1.30），推出式（7.1.29）.然后将式（7.1.29）代入式（7.1.31），得到式（7.1.28）.

注 7.1.2 现在讨论式（7.1.9）、式（7.1.10）的唯一可解性.考虑下列弱变分形式:求 $\omega \in H_0^2(\Omega)$ 使得

$$\int_\Omega \Delta \omega \Delta \varphi dx = -(f, \varphi)_D, \quad \forall \varphi \in H_0^2(\Omega). \qquad （7.1.32）$$

我们知道式（7.1.32）的解唯一存在且 $\omega \in H^3(\Omega)$.令 $-\Delta \omega = p$，则有

$$\int_\Omega \Delta \omega \psi dx = \int_\Omega -p\psi dx, \quad \forall \psi \in H^1(\Omega),$$

$$\int_\Omega -p\Delta \varphi dx = -(f, \varphi)_D, \quad \forall \varphi \in H_0^2(\Omega).$$

因为 $H_0^2(\Omega)$ 在 $H_0^1(\Omega)$ 中稠密，由格林公式得到式（7.1.9）、式（7.1.10），即 (p, ω) 是式（7.1.9）、式（7.1.10）的解.在与式（7.1.9）、式（7.1.10）相关的齐次线性方程中，令 $\varphi = \omega$ 和 $\psi = p$，则有 $a(p, p) = 0$，即 $p = 0$.将 $p = 0$ 代入式（7.1.9）得到 $\omega = 0$.因此唯一性成立.

注 7.1.3 式（7.1.11）、式（7.1.12）是唯一可解的.实际上，对于与式

（7.1.11）、式（7.1.12）相关的齐次线性方程，令$(\psi,\varphi)=(\omega_h,p_h)$，则$p_h=0$. 选择$\psi=\omega_h$且注意到$p_h=0$，则有$\omega_h=0$.

7.2　基于移位反迭代的二网格离散

本节将对重调和特征值问题 C-R 混合变分形式建立基于移位反迭代的二网格离散方案. 让$V_H\subset V_h\subset H^1(\Omega)$，$V_H^0\subset V_h^0\subset H_0^1(\Omega)$且$h<H$.

方案7.2.1　基于移位反迭代的二网格离散

步骤 1. 在粗网格π_H上解特征值问题（7.1.7）、（7.1.8）：求$(\lambda_H,\sigma_H,u_H)\in\mathbb{R}\times V_H\times V_H^0$，$\|u_H\|_D=1$，使得

$$a(\sigma_H,\psi)+b(\psi,u_H)=0,\quad\forall\psi\in V_H,\tag{7.2.1}$$

$$b(\sigma_H,\varphi)=-\lambda_H(u_H,\varphi)_D,\qquad\forall\varphi\in V_H^0.\tag{7.2.2}$$

步骤 2. 在细网格π_h上解方程组：求$(\sigma',u')\in V_h\times V_h^0$，使得

$$a(\sigma',\psi)+b(\psi,u')=0,\qquad\forall\psi\in V_h,\tag{7.2.3}$$

$$b(\sigma',\varphi)+\lambda_H(u',\varphi)_D=-(u_H,\varphi)_D,\quad\forall\varphi\in V_h^0.\tag{7.2.4}$$

令 $u^h=\dfrac{u'}{\|u'\|_D}$，$\sigma^h=\dfrac{\sigma'}{\|u'\|_D}$.

步骤 3. 计算 Rayleigh 商

$$\lambda^h=\frac{a(\sigma^h,\sigma^h)+2b(\sigma^h,u^h)}{-(u^h,u^h)_D}.$$

设(λ_H,σ_H,u_H)是式（7.2.1）、（7.2.2）的第k个特征对，那么由方案 7.2.1 所求得的(λ^h,σ^h,u^h)是问题（7.1.5）、（7.1.6）的第k个近似特征对.

尽管步骤 2 中的方程组是几乎奇异的，但解方程组（7.2.3）、（7.2.4）是没有困难的（见文献[135]中的第 27.4 讲）. 接下来将讨论方案 7.2.1 的有效性. 表示 $\text{dist}(u,W)=\inf\limits_{v\in W}\|u-v\|_{1,\Omega}$. 下列引理的成立将为本章后面的工作奠定基础. 它也是文献[167]中引理 4.1 的发展. 文献[167]中引理 4.1 对式（7.1.3）、式（7.1.4）有效，但是它不能应用到式（7.1.1）、式（7.1.2）.

引理 7.2.1　设(μ_0, w_0)是第k个特征对(μ, u)的一个近似，这里μ_0不是T_h的特征值，$w_0 \in V_h^0$，$\| w_0 \|_D = 1$. 令$u_0 = \frac{T_h w_0}{\| T_h w_0 \|_D}$. 假设

（C1）$\displaystyle\inf_{v \in M_h(\lambda)} \| w_0 - v \|_D \leqslant \frac{1}{2}$;

（C2）$|\mu_0 - \mu| \leqslant \frac{\rho}{4}$，$|\mu_{j,h} - \mu_j| \leqslant \frac{\rho}{4}$对$j = k-1, k, k+q(j \neq 0)$，这里$\rho = \displaystyle\min_{j \neq k} |\mu_j - \mu|$是第$k$个特征值$\mu$的分离常数;

（C3）$u' \in V_h^0$，$u^h \in V_h^0$满足

$$(\mu_0 - T_h)u' = u_0, \qquad u^h = \frac{u'}{\| u' \|_D}. \qquad （7.2.5）$$

则有

$$\text{dist}(u^h, M_h(\lambda)) \leqslant \frac{C}{\rho} \max_{k \leqslant j \leqslant k+q-1} |\mu_0 - \mu_{j,h}| \text{dist}(w_0, M_h(\lambda)). \qquad （7.2.6）$$

证明：因为T_h的特征函数$\{u_{j,h}\}_1^d$可作为V_h^0在内积$(\cdot, \cdot)_D$意义下的正交基，所以$u_0 = \sum_{j=1}^d (u_0, u_{j,h})_D u_{j,h}$. 根据式（7.2.5）并注意$\mu_0$不是$T_h$的特征值，有

$$(\mu_0 - \mu_h)u' = (\mu_0 - \mu_h)(\mu_0 - T_h)^{-1} u_0 = \sum_{j=1}^d \frac{\mu_0 - \mu_h}{\mu_0 - \mu_{j,h}} (u_0, u_{j,h})_D u_{j,h}. \qquad （7.2.7）$$

根据三角形不等式及条件（C2），推出

$$|\mu_0 - \mu_h| \leqslant |\mu_0 - \mu| + |\mu - \mu_h| \leqslant \frac{\rho}{4} + \frac{\rho}{4} = \frac{\rho}{2},$$

$$|\mu_0 - \mu_{j,h}| \geqslant |\mu - \mu_j| - |\mu_0 - \mu| - |\mu_j - \mu_{j,h}| \geqslant \rho - \frac{\rho}{4} - \frac{\rho}{4} = \frac{\rho}{2},$$

这里$j = k-1, k+q(j \neq 0)$，由此可得

$$|\mu_0 - \mu_{j,h}| \geqslant \frac{\rho}{2} \quad 对j \neq k, k+1, \cdots, k+q-1. \qquad （7.2.8）$$

由于T_h关于$(\cdot, \cdot)_D$是自共轭的，且$T_h u_h = \mu_h u_h$，则对于任意$j = 1, 2, \cdots, d$，有

$$(T_h w_0, u_{j,h})_D u_{j,h} = (w_0, T_h u_{j,h})_D u_{j,h} = (w_0, \mu_{j,h} u_{j,h})_D u_{j,h}$$

$$= (w_0, u_{j,h})_D \mu_{j,h} u_{j,h} = (w_0, u_{j,h})_D T_h u_{j,h}. \qquad （7.2.9）$$

注意$\{u_{j,h}\}_k^{k+q-1}$是$M_h(\lambda)$的一组正交基. 根据$u_0 = \frac{T_h w_0}{\| T_h w_0 \|_D}$，式（7.2.7）、式（7.2.9）、式（7.1.28）以及式（7.2.8），推出

$$\left\|(\mu_0 - \mu_h)u' - \sum_{j=k}^{k+q-1} \frac{\mu_0 - \mu_h}{\mu_0 - \mu_{j,h}}(u_0, u_{j,h})_D u_{j,h}\right\|_{1,\Omega}$$

$$= \left\|\sum_{j\neq k,k+1,\cdots,k+q-1} \frac{\mu_0 - \mu_h}{\mu_0 - \mu_{j,h}}(u_0, u_{j,h})_D u_{j,h}\right\|_{1,\Omega}$$

$$= \frac{1}{\|T_h w_0\|_D}\left\|\sum_{j\neq k,k+1,\cdots,k+q-1} \frac{\mu_0 - \mu_h}{\mu_0 - \mu_{j,h}}(T_h w_0, u_{j,h})_D u_{j,h}\right\|_{1,\Omega}$$

$$= \frac{1}{\|T_h w_0\|_D}\left\|\sum_{j\neq k,k+1,\cdots,k+q-1} \frac{\mu_0 - \mu_h}{\mu_0 - \mu_{j,h}}(w_0, u_{j,h})_D T_h u_{j,h}\right\|_{1,\Omega}$$

$$= \frac{1}{\|T_h w_0\|_D}\left\|T_h\left(\sum_{j\neq k,k+1,\cdots,k+q-1} \frac{\mu_0 - \mu_h}{\mu_0 - \mu_{j,h}}(w_0, u_{j,h})_D u_{j,h}\right)\right\|_{1,\Omega}$$

$$\leqslant \frac{C}{\|T_h w_0\|_D}\left\|\sum_{j\neq k,k+1,\cdots,k+q-1} \frac{\mu_0 - \mu_h}{\mu_0 - \mu_{j,h}}(w_0, u_{j,h})_D u_{j,h}\right\|_D$$

$$\leqslant \frac{2C}{\rho\|T_h w_0\|_D}|\mu_0 - \mu_h|\left[\sum_{j\neq k,k+1,\cdots,k+q-1}(w_0, u_{j,h})_D^2\right]^{\frac{1}{2}}$$

$$\leqslant \frac{C}{\rho\|T_h w_0\|_D}|\mu_0 - \mu_h|\left\|w_0 - \sum_{j=k}^{k+q-1}(w_0, u_{j,h})_D u_{j,h}\right\|_D$$

$$= \frac{C}{\rho\|T_h w_0\|_D}|\mu_0 - \mu_h|\inf_{v\in M_h(\lambda)}\|w_0 - v\|_D$$

$$\leqslant \frac{C}{\rho\|T_h w_0\|_D}|\mu_0 - \mu_h|\text{dist}(w_0, M_h(\lambda)). \tag{7.2.10}$$

对式（7.2.7）两边取范数，由 $u_0 = \frac{T_h w_0}{\|T_h w_0\|_D}$ 和式（7.2.9），得

$$\|(\mu_0 - \mu_h)u'\|_D = \frac{1}{\|T_h w_0\|_D} \left\| \sum_{j=1}^{d} \frac{\mu_0 - \mu_h}{\mu_0 - \mu_{j,h}} (T_h w_0, u_{j,h})_D u_{j,h} \right\|_D$$

$$= \frac{1}{\|T_h w_0\|_D} \left\{ \sum_{j=1}^{d} \left[\frac{\mu_0 - \mu_h}{\mu_0 - \mu_{j,h}} (w_0, \mu_{j,h} u_{j,h})_D \right]^2 \right\}^{\frac{1}{2}}$$

$$\geqslant \frac{1}{\|T_h w_0\|_D} \min_{k \leqslant j \leqslant k+q-1} \left| \frac{\mu_0 - \mu_h}{\mu_0 - \mu_{j,h}} \right| \left[\sum_{j=k}^{k+q-1} (w_0, \mu_{j,h} u_{j,h})_D \right]^{\frac{1}{2}}$$

$$= \frac{1}{\|T_h w_0\|_D} \min_{k \leqslant j \leqslant k+q-1} \left| \frac{\mu_0 - \mu_h}{\mu_0 - \mu_{j,h}} \right| \left\| w_0 - \left[w_0 - \sum_{j=k}^{k+q-1} (w_0, \mu_{j,h} u_{j,h})_D u_{j,h} \right] \right\|_D$$

$$\geqslant \frac{1}{2\|T_h w_0\|_D} \min_{k \leqslant j \leqslant k+q-1} \left| \frac{\mu_0 - \mu_h}{\mu_0 - \mu_{j,h}} \right|. \tag{7.2.11}$$

从式（7.2.10）和式（7.2.11）得到

$$\mathrm{dist}(u^h, M_h(\lambda)) = \mathrm{dist}(\mathrm{sign}(\mu_0 - \mu_h)u^h, M_h(\lambda))$$

$$\leqslant \left\| \mathrm{sign}(\mu_0 - \mu_h)u^h - \frac{1}{\|(\mu_0 - \mu_h)u'\|_D} \sum_{j=k}^{k+q-1} \frac{\mu_0 - \mu_h}{\mu_0 - \mu_{j,h}} (u_0, u_{j,h})_D u_{j,h} \right\|_{1,\Omega}$$

$$= \left\| \frac{(\mu_0 - \mu_h)u'}{\|(\mu_0 - \mu_h)u'\|_D} - \frac{1}{\|(\mu_0 - \mu_h)u'\|_D} \sum_{j=k}^{k+q-1} \frac{\mu_0 - \mu_h}{\mu_0 - \mu_{j,h}} (u_0, u_{j,h})_D u_{j,h} \right\|_{1,\Omega}$$

$$\leqslant 2\|T_h w_0\|_D \max_{k \leqslant j \leqslant k+q-1} \left| \frac{\mu_0 - \mu_{j,h}}{\mu_0 - \mu_h} \right| \left\| (\mu_0 - \mu_h)u' - \sum_{j=k}^{k+q-1} \frac{\mu_0 - \mu_h}{\mu_0 - \mu_{j,h}} (u_0, u_{j,h})_D u_{j,h} \right\|_{1,\Omega}$$

$$\leqslant \frac{C}{\rho} \max_{k \leqslant j \leqslant k+q-1} |\mu_0 - \mu_{j,h}| \mathrm{dist}(w_0, M_h(\lambda)).$$

证毕.

引理 7.2.1 可用于一般的离散混合变分形式，包括 quad-curl 特征值问题

的混合有限元法和 Kirchhoff 板振动问题的 Hellan-Herrmann-Johnson 混合有限元法等. 该引理在证明二网格近似 u^h 的误差估计中扮演着重要角色.

定理 7.2.1　假设 $M(\lambda) \subset H^{m+1}(\Omega)$. 设 $(\lambda^h, \sigma^h, u^h)$ 是用方案 7.2.1 求得的第 k 个近似特征对且 H 充分小，则存在 $u \in M(\lambda)$，$\sigma = S(\lambda u)$，使得

$$\| u^h - u \|_{1,\Omega} \leqslant C(H^{3m-2} + h^m), \tag{7.2.12}$$

$$\| \sigma^h - \sigma \|_{0,\Omega} \leqslant C(H^{2m-2} + h^{m-1}), \tag{7.2.13}$$

$$|\lambda^h - \lambda| \leqslant C(H^{2m-2} + h^{m-1})^2. \tag{7.2.14}$$

证明： 下面将利用引理 7.2.1 来证明式（7.2.12）. 需要验证引理 7.2.1 中所有条件. 首先，证明引理 7.2.1 的条件（C1）成立.

设 $(\lambda_H, \sigma_H, u_H)$ 是由方案 7.2.1 的步骤 1 所得. 选择 $\mu_0 = \frac{1}{\lambda_H}$，$w_0 = u_H$，则有 $u_0 = \frac{T_h u_H}{\| T_h u_H \|_D}$. 根据三角形不等式，式（7.1.23）和式（7.1.25），推出

$$\mathrm{dist}(u_H, M_h(\lambda)) \leqslant \| u_H - u \|_{1,\Omega} + \mathrm{dist}(u, M_h(\lambda)) \leqslant CH^m, \tag{7.2.15}$$

即条件（C1）成立.

其次，验证条件（C2）成立. 根据式（7.1.21），有

$$|\mu_0 - \mu| = \frac{|\lambda_H - \lambda|}{\lambda_H \lambda} \leqslant CH^{2m-2} \leqslant \frac{\rho}{4},$$

$$|\mu_j - \mu_{j,h}| = \frac{|\lambda_{j,h} - \lambda_j|}{\lambda_{j,h} \lambda_j} \leqslant Ch^{2m-2} \leqslant \frac{\rho}{4},$$

即条件（C2）成立.

最后，验证条件（C3）. 从式（7.2.3）、式（7.2.4），推出

$$a(\sigma', \psi) + b(\psi, u') = 0, \qquad\qquad \forall \psi \in V_h,$$

$$b(\sigma', \varphi) = -(u_H + \lambda_H u', \varphi)_D, \qquad\qquad \forall \varphi \in W_h,$$

该式与式（7.1.15）、式（7.1.16）结合可得

$$\sigma' = S_h(\lambda_H u' + u_H), \tag{7.2.16}$$

$$u' = T_h(\lambda_H u' + u_H). \tag{7.2.17}$$

从式（7.2.17），推出

$$(\lambda_H^{-1} - T_h)u' = \lambda_H^{-1} T_h u_H, \quad u^h = \frac{u'}{\| u' \|_D}. \tag{7.2.18}$$

注意到$\lambda_H^{-1} T_h u_H =\| \lambda_H^{-1} T_h u_H \|_D u_0$与$u_0$不同之处仅在于一个常数，则方案7.2.1的步骤2等价于

$$(\lambda_H^{-1} - T_h)u' = u_0, \quad u^h = \frac{u'}{\| u' \|_D}.$$

从上面的论证可以看到引理7.2.1的所有条件都成立.

下面将用引理7.2.1来证明式（7.2.12）. 因为$M_h(\lambda)$是q维空间，一定存在$u^* \in M_h(\lambda)$使得

$$\| u^h - u^* \|_{1,\Omega} = \text{dist}(u^h, M_h(\lambda)). \tag{7.2.19}$$

另外，对$k \leqslant j \leqslant k + q - 1$， 我们知道

$$|\mu_0 - \mu_{j,h}| = \left| \frac{1}{\lambda_H} - \frac{1}{\lambda_{j,h}} \right| \leqslant \frac{|\lambda_H - \lambda_{j,h}|}{\lambda_H \lambda_{j,h}} \leqslant C|\lambda_H - \lambda_{j,h}| \leqslant C(|\lambda_H - \lambda| + |\lambda - \lambda_{j,h}|) \leqslant CH^{2m-2}. \tag{7.2.20}$$

结合式（7.2.19）且将式（7.2.20）和式（7.2.15）代入式（7.2.6），得到

$$\| u^h - u^* \|_{1,\Omega} = \text{dist}(u^h, M_h(\lambda)) \leqslant C \max_{k \leqslant j \leqslant k+q-1} |\mu_0 - \mu_{j,h}| \text{dist}(u_H, M_h(\lambda)) \leqslant CH^{3m-2}. \tag{7.2.21}$$

利用式（7.1.24），存在一个$u \in M(\lambda)$使得$\| u^* - u \|_{1,\Omega} = \text{dist}(u^*, M(\lambda))$，且

$$\| u^* - u \|_{1,\Omega} \leqslant Ch^m,$$

则

$$\| u^h - u \|_{1,\Omega} \leqslant \| u^h - u^* \|_{1,\Omega} + \| u - u^* \|_{1,\Omega} \leqslant C(H^{3m-2} + h^m), \tag{7.2.22}$$

即式（7.2.12）成立. 接下来将证明式（7.2.13）.

从式（7.1.24）和式（7.1.25）可知存在一个$u_h \in M_h(\lambda)$，使得

$$\| u_H - u_h \|_{1,\Omega} \leqslant CH^m + Ch^m \leqslant CH^m.$$

根据（7.1.28）和自共轭解算子范数的定义，推出

$$\| (\lambda_H^{-1} - T_h)^{-1} T_h(u_H - u_h)\|_D$$

$$\leq \quad C \| (\lambda_H^{-1} - T_h)^{-1}\|_D \| u_H - u_h\|_D \leq C|(\lambda_H^{-1} - \lambda_h^{-1})^{-1}| \| u_H - u_h\|_D$$

$$\leq \quad C\frac{1}{|\lambda_H - \lambda_h|} \| u_H - u_h\|_D. \qquad (7.2.23)$$

从式（7.2.18），可得

$$u' = (\lambda_H^{-1} - T_h)^{-1}(\lambda_H^{-1} T_h u_H). \qquad (7.2.24)$$

因为 $u_h \in M_h(\lambda)$ 以及 $\{u_{j,h}\}_k^{k+q-1}$ 是 $M_h(\lambda)$ 的正交基，则有

$$T_h u_h = T_h \sum_{j=k}^{k+q-1} (u_h, u_{j,h})_D u_{j,h} = \sum_{j=k}^{k+q-1} (u_h, u_{j,h})_D T_h u_{j,h}$$

$$= \sum_{j=k}^{k+q-1} (u_h, \mu_{j,h} u_{j,h})_D u_{j,h},$$

由该式可推出

$$\| (\lambda_H^{-1} - T_h)^{-1} T_h u_h\|_D = \left\|(\lambda_H^{-1} - T_h)^{-1} \sum_{j=k}^{k+q-1} (u_h, \mu_{j,h} u_{j,h})_D u_{j,h}\right\|_D$$

$$= \left\|\sum_{j=k}^{k+q-1} (u_h, \mu_{j,h} u_{j,h})_D (\lambda_H^{-1} - T_h)^{-1} u_{j,h}\right\|_D = \left\|\sum_{j=k}^{k+q-1} (u_h, \mu_{j,h} u_{j,h})_D (\lambda_H^{-1} - \lambda_{j,h}^{-1})^{-1} u_{j,h}\right\|_D$$

$$= \| (\lambda_H^{-1} - \lambda_h^{-1})^{-1} T_h u_h\|_D.$$

将上述等式与式（7.2.24）、式（7.2.23）结合，推出

$$\| u'\|_D = \quad \| (\lambda_H^{-1} - T_h)^{-1}(\lambda_H^{-1} T_h u_H)\|_D = \| (\lambda_H^{-1} - T_h)^{-1} \lambda_H^{-1} T_h(u_H - u_h + u_h)\|_D$$

$$\geq \quad \| (\lambda_H^{-1} - T_h)^{-1} \lambda_H^{-1} T_h u_h\|_D - \| (\lambda_H^{-1} - T_h)^{-1} \lambda_H^{-1} T_h(u_H - u_h)\|_D$$

$$\geq \quad C(\| (\lambda_H^{-1} - T_h)^{-1} T_h u_h\|_D - \frac{1}{|\lambda_h - \lambda_H|} \| u_H - u_h\|_D)$$

$$\geq \quad C \| \frac{1}{\lambda_h - \lambda_H} u_h\|_D. \qquad (7.2.25)$$

选择 $\sigma_h = S_h(\lambda_h u^*)$ 以及 $\sigma = S(\lambda u)$. 根据式（7.2.16），$\sigma^h = \frac{\sigma'}{\|u'\|_D}$，式（7.1.29）、式（7.2.25）、（7.1.21）以及式（7.2.21），推出

$$\| \sigma^h - \sigma_h \|_{0,\Omega} = \| S_h(\frac{u_H}{\| u' \|_D} + \lambda_H u^h - \lambda_h u^*) \|_{0,\Omega}$$

$$\leqslant C \left\| \frac{u_H}{\| u' \|_D} + \lambda_H u^h - \lambda_h u^* \right\|_D$$

$$\leqslant C(\left\| \frac{u_H}{\| u' \|_D} \right\|_D + \| \lambda_H u^h - \lambda_H u^* \|_D + \| \lambda_H u^* - \lambda_h u^* \|_D)$$

$$\leqslant C(|\lambda_H - \lambda_h| + \| u^h - u^* \|_D + |\lambda_H - \lambda_h|)$$

$$\leqslant C(H^{2m-2} + H^{3m-2}) \leqslant CH^{2m-2}. \qquad (7.2.26)$$

从式（7.2.26）和式（7.2.22）可得式（7.2.13）.

最后将利用式（7.1.27）来估计 λ^h 的误差. 为了避开 $\| \sigma^h - \sigma \|_{1,\Omega}$ 的估计，我们充我们充分利用了 C-R 混合变分形式的结构特点. 设 $I_h: C(\overline{\Omega}) \to V_h$ 是 Lagrange 插值算子. 从式（7.1.5）和式（7.2.3）可得

$$a(\sigma^h - \sigma, \psi) + b(\psi, u^h - u) = 0, \quad \forall \psi \in V_h. \qquad (7.2.27)$$

从方案 7.2.1 的步骤 3，可知

$$\lambda^h = \frac{a(\sigma^h, \sigma^h) + 2b(\sigma^h, u^h)}{-(u^h, u^h)_D}$$

在式（7.1.27），选择 $\lambda^r = \lambda^h$，$\sigma^* = \sigma^h$，以及 $u^* = u^h$. 由式（7.2.27）、式（7.2.12）、式（7.2.13）和插值误差估计，推出

$$\lambda^h - \lambda = \frac{a(\sigma^h - \sigma, \sigma^h - \sigma) + 2b(\sigma^h - \sigma, u^h - u)}{-(u^h, u^h)_D} + \lambda \frac{(u^h - u, u^h - u)_D}{-(u^h, u^h)_D}$$

$$= \frac{-a(\sigma^h - \sigma, \sigma^h - \sigma) + 2a(\sigma^h - \sigma, \sigma^h - \sigma) + 2b(\sigma^h - \sigma, u^h - u)}{-(u^h, u^h)_D} + \lambda \frac{(u^h - u, u^h - u)_D}{-(u^h, u^h)_D}$$

$$= \frac{-a(\sigma^h - \sigma, \sigma^h - \sigma) + 2a(\sigma^h - \sigma, I_h\sigma - \sigma) + 2b(I_h\sigma - \sigma, u^h - u)}{-(u^h, u^h)_D} + \lambda \frac{(u^h - u, u^h - u)_D}{-(u^h, u^h)_D}$$

$$\leqslant C[(H^{2m-2} + h^{m-1})^2 + h^{m-1}(H^{2m-2} + h^{m-1}) + h^{m-2}(H^{3m-2} + h^m) + (H^{3m-2} + h^m)^2]$$

$$\leqslant C(H^{2m-2} + h^{m-1})^2. \qquad (7.2.28)$$

即式（7.2.14）得证.

参考文献[167]中方案 3.1，我们对重调和特征值问题的 C-R 混合法建立了以下多网格离散方案.

方案7.2.2　基于移位反迭代的多网格离散

设 $\{V_{h_i}\}_0^\infty$ 和 $\{V_{h_i}^0\}_0^\infty$ 分别是一簇有限维空间. $V_{h_0} = V_H$，$V_{h_i} \subset V_{h_{i+1}} \subset H^1(\Omega)$，$V_{h_0}^0 = V_H^0$，$V_{h_i}^0 \subset V_{h_{i+1}}^0 \subset H_0^1(\Omega)$，$i = 0,1,\cdots$.

给定迭代次数 l.

步骤 1. 在粗网格 π_H 上解特征值问题（7.1.7）、（7.1.8）：求 $(\lambda_H, \sigma_H, u_H) \in \mathbb{R} \times V_H \times V_H^0$，$\| u_H \|_D = 1$，使得

$$a(\sigma_H, \psi) + b(\psi, u_H) = 0, \quad \forall \psi \in V_H, \qquad (7.2.29)$$

$$b(\sigma_H, \varphi) = -\lambda_H(u_H, \varphi)_D, \quad \forall \varphi \in V_H^0. \qquad (7.2.30)$$

步骤 2. $\sigma^{h_0} \Leftarrow \sigma_H$，$u^{h_0} \Leftarrow u_H$，$\lambda^{h_0} \Leftarrow \lambda_H$，$i \Leftarrow 1$.

步骤 3. 在细网格 π_{h_i} 上解方程组：求 $(\sigma', u') \in V_{h_i} \times V_{h_i}^0$，使得

$$a(\sigma', \psi) + b(\psi, u') = 0, \quad \forall \psi \in V_{h_i}, \qquad (7.2.31)$$

$$b(\sigma', \varphi) + \lambda^{h_{i-1}}(u', \varphi)_D = -(u^{h_{i-1}}, \varphi)_D, \quad \forall \varphi \in V_{h_i}^0. \qquad (7.2.32)$$

令 $u^{h_i} = \dfrac{u'}{\|u'\|_D}$，$\sigma^{h_i} = \dfrac{\sigma'}{\|u'\|_D}$.

步骤 4. 计算 Rayleigh 商

$$\lambda^{h_i} = \frac{a(\sigma^{h_i}, \sigma^{h_i}) + 2b(\sigma^{h_i}, u^{h_i})}{-(u^{h_i}, u^{h_i})_D}.$$

步骤 5. 如果 $i = l$，输出 $(\lambda^{h_l}, \sigma^{h_l}, u^{h_l})$，停止；否则，$i \Leftarrow i + 1$，并返回步骤 3.

设 $(\lambda_H, \sigma_H, u_H)$ 是式（7.2.29）、式（7.2.30）的第 k 个特征对，那么由方案 7.2.2 求得的近似值 $(\lambda^{h_l}, \sigma^{h_l}, u^{h_l})$ 是问题（7.1.5）、（7.1.6）的第 k 个近似特征对.

条件 7.2.1　对任意给定的 $\varepsilon \in (0,1)$，存在 $t_i \in (1, 2-\varepsilon]$ $(i = 1,2,\cdots)$，使得 $h_i = \mathcal{O}(h_{i-1}^{t_i})$ 且 $h_i \to 0$.

条件 7.2.1 是容易满足的. 比如，使用一致网格并选择 $\varepsilon = 0.1$，$h_0 = \dfrac{\sqrt{2}}{8}$，$h_1 = \dfrac{\sqrt{2}}{32}$，$h_2 = \dfrac{\sqrt{2}}{128}$，$h_3 = \dfrac{\sqrt{2}}{512}$，$\cdots$，然后由 $h_i = h_{i-1}^{t_i}$，有 $t_i = \dfrac{\log(h_i)}{\log(h_{i-1})} =$

$\frac{\log(h_{i-1})-\log(4)}{\log(h_{i-1})}$，因此，得到$t_1 \approx 1.80$，$t_2 \approx 1.44$，$t_3 \approx 1.31$，…且 当$i \to \infty$

时，$t_i \searrow 1$.

参考文献[167]中的定理 4.2，并用本章中的定理 7.2.1，可以推出下列定理.

定理 7.2.2　假设条件 7.2.1 成立且$M(\lambda) \subset H^{m+1}(\Omega)$.设$(\lambda^{h_l}, \sigma^{h_l}, u^{h_l})$是由方案 7.2.2 所求得的一个近似特征对，当$h_0 = H$充分小时，存在$u \in M(\lambda)$，使得

$$\| u^{h_l} - u \|_{1,\Omega} \leqslant Ch_l^m, \qquad (7.2.33)$$

$$\| \sigma^{h_l} - \sigma \|_{0,\Omega} \leqslant Ch_l^{m-1}, \qquad (7.2.34)$$

$$|\lambda^{h_l} - \lambda| \leqslant Ch_l^{2m-2}. \qquad (7.2.35)$$

方案 7.2.2 的工作量估计

关于特征值多网格方案的计算工作量的估计已有很多工作（比如，见文献[37]）. 这里对在下列网格上实施方案 7.2.2 的计算量进行分析：

设$\Omega \subset \mathbb{R}^2$，$\pi_{h_0} = \pi_H$. 假设给定$\pi_{h_1}$ （通过对π_H进行正规加密而来），且π_{h_i}是由$\pi_{h_{i-1}}(i = 2,3,\cdots,l)$通过一步正规加密而得（产生$\xi^2$个子单元），该正规加密 使得

$$h_1 = \frac{H}{\xi} > H^2, \quad h_i = \frac{1}{\xi}h_{i-1}.$$

显然，对于这个网格族，条件 7.2.1 成立且$t_i \to 1(i \to \infty)$.

每次迭代的有限元空间的维数用$N_i := \dim\{V_{h_i}\} + \dim\{V_{h_i}^0\}$表示，则有

$$N_i \approx (\frac{1}{\xi})^{2(l-i)}N_l, i = 1,2,\cdots,l-1. \qquad (7.2.36)$$

则有下列定理.

定理 7.2.3　假设$O(M)(M \ll N_l)$是在最粗的网格π_H 上解式（7.2.29）、式（7.2.30）的工作量. 在每个迭代空间$V_{h_i} \times V_{h_i}^0(i = 1,2,\cdots,l)$上，求解式（7.2.31）、式（7.2.32）和计算 Rayleigh 商的工作量是$O(N_i)$，那么方案 7.2.2 的工作量是$O(N_l)$.

证明：令W_i表示在V_{h_i} 中求解式（7.2.31）、式（7.2.32）的工作量，则有

$W_i = \mathcal{O}(N_i)$. 根据式（7.2.36），有

$$总工作量 = \sum_{i=1}^{l} W_i + \mathcal{O}(M) = \mathcal{O}\left(\sum_{i=1}^{l} N_i\right) + \mathcal{O}(M)$$

$$= \mathcal{O}\left[\sum_{i=1}^{l} \left(\frac{1}{\xi}\right)^{2(l-i)} N_l\right] + \mathcal{O}(M) = \mathcal{O}\left[\frac{1-\left(\frac{1}{\xi}\right)^{2l}}{1-\left(\frac{1}{\xi}\right)^2} N_l\right] + \mathcal{O}(M)$$

$$= \mathcal{O}(N_l).$$

证毕.

这一定理表明，用方案 7.2.2 求解特征值问题（7.1.7）、（7.1.8）与求解相应的边值问题所需的工作量几乎相同.

7.3　基于子空间迭代的二网格离散

文献[3]首次建立了重调和特征值问题（7.1.1）、（7.1.2）的基于反迭代（不带位移）的二网格离散. 本节对式（7.1.1）、式（7.1.2）和式（7.1.3）、式（7.1.4）给出了基于子空间迭代的二网格离散.

方案7.3.1　基于子空间迭代的二网格离散

步骤 1. 在粗网格 π_H 上解特征值问题（7.1.7）、（7.1.8）：求 $(\lambda_{j,H}, \sigma_{j,H}, u_{j,H}) \in \mathbb{R} \times V_H \times V_H^0$，使得

$$a(\sigma_{j,H}, \psi) + b(\psi, u_{j,H}) = 0, \qquad \forall \psi \in V_H, \qquad （7.3.1）$$

$$b(\sigma_{j,H}, \varphi) = -\lambda_{j,H}(u_{j,H}, \varphi)_D, \qquad \forall \varphi \in V_H^0, \qquad （7.3.2）$$

得到 $(\lambda_{j,H}, \sigma_{j,H}, u_{j,H})$ 且有 $(u_{j,H}, u_{i,H})_D = \delta_{i,j} \quad (j = k, \cdots, d)$.

步骤 2. 在细网格 π_h 上解方程组：求 $(\sigma_j', u_j') \in V_h \times V_h^0 \quad (j = k, \cdots, d)$，使得

$$a(\sigma_j', \psi) + b(\psi, u_j') = 0, \qquad \forall \psi \in V_h, \qquad （7.3.3）$$

$$b(\sigma_j', \varphi) = -\lambda_{j,H}(u_{j,H}, \varphi)_D, \qquad \forall \varphi \in V_h^0. \qquad （7.3.4）$$

令 $u_j^h = \dfrac{u_j{}'}{\|u_j{}'\|_D}$, $\sigma_j^h = \dfrac{\sigma_j{}'}{\|u_j{}'\|_D}$.

步骤 3. 计算 Rayleigh 商:

$$\lambda_j^h = -\left[a(\sigma_j^h, \sigma_j^h) + 2b(\sigma_j^h, u_j^h)\right], \quad j = k, \cdots, d.$$

设 $(\lambda_{j,H}, \sigma_{j,H}, u_{j,H})$ 是问题（7.3.1）、（7.3.2） 的第 j 个特征对，那么由方案 7.3.1 求得的 $(\lambda_j^h, \sigma_j^h, u_j^h)$ 是问题（7.1.5）、（7.1.6）的第 j（$j = k, \cdots, d$）个近似特征对.

定理 7.3.1　假设 $M(\lambda) \subset H^{m+1}(\Omega)$. 设 $(\lambda^h, \sigma^h, u^h)$ 是由方案 7.3.1（$j = k, k + 1, \cdots, d$）求得的第 j（$j = k, k + 1, \cdots, d$）个近似特征对，则存在 $u \in M(\lambda)$ 和 $\sigma = S(\lambda u)$ 使得

$$\| u^h - u \|_{1,\Omega} \leqslant C(H^{2m-2} + \| u_H - u \|_D + h^m), \qquad (7.3.5)$$

$$\| \sigma^h - \sigma \|_{0,\Omega} \leqslant C(H^{2m-2} + \| u_H - u \|_D + h^{m-1}), \qquad (7.3.6)$$

$$|\lambda^h - \lambda| \leqslant C[(H^{2m-2} + \| u_H - u \|_D + h^{m-1})^2 + (H^{2m-2} + \| u_H - u \|_D)h^{m-2}].$$
$$(7.3.7)$$

证明： 根据方案 7.3.1 的步骤 2，T_h 和 T 的定义，式（7.1.29）以及引理 7.1.1，推出

$$\| u^h - u \|_{1,\Omega} \leqslant C \| T_h(\lambda_H u_H) - T(\lambda u) \|_{1,\Omega}$$

$$\leqslant C[\| T_h(\lambda_H u_H) - T_h(\lambda u_H) \|_{1,\Omega} + \| T_h(\lambda u_H) - T_h(\lambda u) \|_{1,\Omega} + \| T_h(\lambda u) - T(\lambda u) \|_{1,\Omega}]$$

$$\leqslant C[|\lambda_H - \lambda| + \| u_H - u \|_D + \| (T_h - T)|_{M(\lambda)} \|_{1,\Omega}]$$

$$\leqslant C(H^{2m-2} + \| u_H - u \|_D + h^m). \qquad (7.3.8)$$

由 S_h 和 S 的定义，式（7.1.30）以及引理 7.1.2，推出

$$\| \sigma^h - \sigma \|_{0,\Omega} \leqslant C \| S_h(\lambda_H u_H) - S(\lambda u) \|_{0,\Omega}$$

$$\leqslant C[\| S_h(\lambda_H u_H) - S_h(\lambda u_H) \|_{0,\Omega} + \| S_h(\lambda u_H) - S_h(\lambda u) \|_{0,\Omega} + \| S_h(\lambda u) - S(\lambda u) \|_{0,\Omega}]$$

$$\leqslant C[|\lambda_H - \lambda| + \| u_H - u \|_D + \| (S_h - S)|_{M(\lambda)} \|_{0,\Omega}]$$

$$\leqslant C(H^{2m-2} + \| u_H - u \|_D + h^{m-1}). \qquad (7.3.9)$$

由插值误差估计，可得

$$\| I_h \sigma - \sigma \|_{0,\Omega} \leqslant Ch^{m-1}, \quad \| I_h \sigma - \sigma \|_{1,\Omega} \leqslant Ch^{m-2}.$$

利用与式（7.2.28）相似的证明，并将式（7.3.5）、式（7.3.6）与上述两个不等式结合得到

$$|\lambda^h - \lambda| \leqslant C[(H^{2m-2} + \| u_H - u\|_D + h^{m-1})^2 + \| I_h\sigma - \sigma\|_{0,\Omega}(H^{2m-2} +$$
$$\| u_H - u\|_D + h^{m-1}) + (H^{2m-2} + \| u_H - u\|_D + h^m) \| I_h\sigma - \sigma\|_{1,\Omega} + (H^{2m-2} +$$
$$\| u_H - u\|_D + h^m)^2]$$
$$\leqslant C[(H^{2m-2} + \| u_H - u\|_D + h^{m-1})^2 + (H^{2m-2} + \| u_H - u\|_D)h^{m-2}]. \quad （7.3.10）$$

定理 7.3.1 得证.

　　注意，从文献[126]可知，当 $m \geqslant 3$ 时，对式（7.1.1）和式（7.1.2），有 $\| u_H - u\|_D \leqslant H^{m+1}$；对式（7.1.3）和式（7.1.4），有 $\| u_H - u\|_D \leqslant H^m$.

注 7.3.1　事实上，将方案 7.3.1 中式（7.3.4）改为 $b(\sigma_j{}', \varphi) + \lambda_{k,H}(u_j{}', \varphi) = -(u_{j,H}, \varphi)_D$ 可得方案 7.2.1 的子空间迭代版本.

注 7.3.2　当 $\Omega \in R^n(n > 2)$ 时，假设下列正则性估计成立:式（7.1.9）、式（7.1.10）的解 $\omega \in H^3(\Omega)$ 满足

$$\| \omega\|_3 \lesssim \| f\|_{-1}, \quad \forall f \in H^{-1}(\Omega).$$

在上述假设下，本章所有的论证和结论都是成立的.

7.4　数值实验

　　本节将展示数值结果来验证方案 7.2.1 的高效性. 离散特征值问题在 CPU 为 3.6 GHz，RAM 为 32 GB 的 HP-Z230 工作站上用 MATLAB 2012a 求解. 计算中，使用 MATLAB 中左除命令（"\"）解线性方程组. 我们使用二次元（P2 元）和三次元（P3 元）进行计算.

　　设 $\{\xi_i\}_{i=1}^{N_h}$ 是 V_h 的节点基，$\{\xi_i\}_{i=1}^{N_h^0}$ 是 V_h^0 的节点基，且 $u_h = \sum_{i=1}^{N_h^0} u_i\xi_i, \sigma_h = \sum_{i=1}^{N_h} \sigma_i\xi_i$. 表示 $\vec{u}_h = (u_1, \cdots, u_{N_h^0})^T$，$\vec{\sigma}_h = (\sigma_1, \cdots, \sigma_{N_h})^T$ 及 $\overrightarrow{\sigma u}_h = (\sigma_1, \cdots, \sigma_{N_h}, u_1, \cdots, u_{N_h^0})$. 为了描述我们的算法，表 7.1 给出离散情况下的矩阵. 为了描述我们的算法，下面给出离散情况下的矩阵.

表 7.1 离散情况下的矩阵

矩阵	维数	定义
A_h	$N_h \times N_h$	$a_{li} = \int_\Omega \xi_i \xi_l \mathrm{d}x$
B_h	$N_h^0 \times N_h$	$b_{li} = -\int_\Omega \nabla \xi_i \cdot \nabla \xi_l \mathrm{d}x$
D_h	$N_h^0 \times N_h^0$	$d_{li} = \int_\Omega \xi_i \xi_l \mathrm{d}x$ 对于式（7.1.1）、式（7.1.2）， $d_{li} = \int_\Omega \nabla \xi_i \cdot \nabla \xi_l \mathrm{d}x$ 对于式（7.1.3）、式（7.1.4）

$$\mathbb{K}_h = \begin{pmatrix} A_h & B_h^T \\ B_h & 0 \end{pmatrix}, \qquad \mathbb{M}_h = \begin{pmatrix} 0 & 0 \\ 0 & -D_h \end{pmatrix},$$

方案 7.2.1 可以写成:

步骤 1. 解广义矩阵特征值问题

$$\mathbb{K}_H \overrightarrow{\sigma u}_{j,H} = \lambda_{j,H} \mathbb{M}_H \overrightarrow{\sigma u}_{j,H}. \qquad （7.4.1）$$

步骤 2. 解方程组

$$(\mathbb{K}_h - \lambda_{j,H} \mathbb{M}_h)\overrightarrow{\sigma' u'}_{j,h} = \mathbb{M}_h \overrightarrow{\sigma u}_{j,H,h},$$

这里 $\overrightarrow{\sigma u}_{j,H,h}$ 是 $\overrightarrow{\sigma u}_{j,H}$ 到 π_h 的延拓，$\overrightarrow{\sigma u}_j^h = \overrightarrow{\sigma' u'}_{j,h}/(\overrightarrow{\sigma' u'}_{j,h}^T \mathbb{M}_h \overrightarrow{\sigma' u'}_{j,h})^{\frac{1}{2}}$.

步骤 3. 计算 Rayleigh 商

$$\lambda_j^h = \overrightarrow{\sigma u}_j^{hT} \mathbb{K}_h \overrightarrow{\sigma u}_j^h.$$

而且方案 7.3.1 可写为:

步骤 1. 解（7.4.1），并得到矩阵 $\widetilde{U}_H = (\overrightarrow{\sigma u}_{k,h} \overrightarrow{\sigma u}_{k+1,h} \cdots \overrightarrow{\sigma u}_{d,h})$.

步骤 2. 解方程组

$$\mathbb{K}_h \widetilde{U}'^h = \mathbb{M}_h \widetilde{U}_{H,h},$$

这里 $\widetilde{U}'^h = (\overrightarrow{\sigma' u'}_{k,h} \ \cdots \ \overrightarrow{\sigma' u'}_{m,h})$，$\overrightarrow{\sigma u}_j^h = \overrightarrow{\sigma' u'}_{j,h}/(\overrightarrow{\sigma' u'}_{j,h}^T \mathbb{M}_h \overrightarrow{\sigma' u'}_{j,h})^{\frac{1}{2}}$，以及 $\widetilde{U}^h = (\overrightarrow{\sigma u}_k^h \cdots \overrightarrow{\sigma u}_m^h)$.

步骤 3. 计算 Rayleigh 商

$$(\lambda_k^h, \lambda_{k+1}^h, \cdots, \lambda_d^h) = (\overrightarrow{\sigma u}_k^{hT} \mathbb{K}_h \overrightarrow{\sigma u}_k^h, \overrightarrow{\sigma u}_{k+1}^{hT} \mathbb{K}_h \overrightarrow{\sigma u}_{k+1}^h, \cdots, \overrightarrow{\sigma u}_d^{hT} \mathbb{K}_h \overrightarrow{\sigma u}_d^h).$$

为方便和简单起见，表和图中引入以下符号.

λ_{j,H_0}: 初始特征值，由 eigs($A, M, g, 'sm'$) 求得. 在区域 Ω_S 和 Ω_L 上 $H_0 = \frac{\sqrt{2}}{8}$; 在
　　区域 Ω_H 上, $H_0 = \frac{1}{8}$. 这里我们使用 eigs($A, M, 1, \lambda_{j,H_0}$) 来求 $\lambda_{j,H}$ 和 $\lambda_{j,h}$;

λ_j^h: 在网格 π_h 上, 由方案 7.2.1 或方案 7.2.2 求得的第 j 个特征值;

λ_j^{h*}: 在网格 π_h 上, 由方案 7.3.1 求得的第 j 个特征值;

t（s）: 从程序开始到出现计算结果的 CPU 时间;

—: 计算机内存不足, 无计算结果.

7.4.1　板振动和板屈曲问题

当 $\Omega \subset \mathbb{R}^2$ 时, 在区域 $\Omega_S = [0,1]^2$, Ω_H 和 $\Omega_L = [-\frac{1}{2}, \frac{1}{2}]^2 / (0, \frac{1}{2}) \times (-\frac{1}{2}, 0)$
上求解特征值问题.

例 7.4.1　在区域 Ω_S, Ω_L 和 Ω_H 上解板振动问题（7.1.1）、（7.1.2）.

对板振动问题, 用 $\lambda_1 \approx 1294.9339795796$ 和 $\lambda_2 \approx 5386.6565607533$ 作为
Ω_S 上的参考值, $\lambda_1 \approx 163.597568158247$ 和 $\lambda_2 \approx 703.328903370623$ 作为 Ω_H 上
的参考值, $\lambda_1 \approx 6702.97945136574$ 和 $\lambda_2 \approx 11054.4911180150$ 作为 Ω_L 上的参
考值. 数值结果列于表 7.2 至 7.4 中, 相对误差曲线见图 7.1 至图 7.3.

表 7.2　例 7.4.1 在区域 Ω_S 上由方案 7.2.1 所得的前两个特征值:P3 元

j	H	h	$\lambda_{j,H}$	$\lambda_{j,h}$	t（s）	λ_j^h	t（s）
1	$\frac{\sqrt{2}}{16}$	$\frac{\sqrt{2}}{128}$	1294.9364850	1294.933979723	272.89	1294.933979724	14.79
1	$\frac{\sqrt{2}}{16}$	$\frac{\sqrt{2}}{256}$	1294.9364850	1294.933979593	2282.74	1294.933979594	76.23
1	$\frac{\sqrt{2}}{32}$	$\frac{\sqrt{2}}{512}$	1294.9340933	—	—	1294.933979580	422.89
2	$\frac{\sqrt{2}}{16}$	$\frac{\sqrt{2}}{128}$	5386.6750064	5386.656562094	254.15	5386.656561850	14.30
2	$\frac{\sqrt{2}}{16}$	$\frac{\sqrt{2}}{256}$	5386.6750064	5386.656560817	2485.17	5386.656560808	77.52
2	$\frac{\sqrt{2}}{32}$	$\frac{\sqrt{2}}{512}$	5386.6576726	—	—	5386.656560753	458.63

表 7.3　例 7.4.1 在区域 Ω_H 上由方案 7.2.1 所得的前两个特征值:P3 元

j	H	h	$\lambda_{j,H}$	$\lambda_{j,h}$	t (s)	λ_j^h	t (s)
1	$\frac{1}{16}$	$\frac{1}{128}$	163.597714	163.5975680158	146.83	163.5975680158	10.86
1	$\frac{1}{16}$	$\frac{1}{256}$	163.597714	163.5975681586	1507.15	163.5975681586	53.72
1	$\frac{1}{32}$	$\frac{1}{512}$	163.597568	—	—	163.5975681660	332.09
2	$\frac{1}{16}$	$\frac{1}{128}$	703.329402	703.3289026600	154.57	703.3289026596	10.55
2	$\frac{1}{16}$	$\frac{1}{256}$	703.329402	703.3289033203	1565.64	703.3289033197	52.06
2	$\frac{1}{32}$	$\frac{1}{512}$	703.328948	—	—	703.3289033706	346.34

表 7.4　例 7.4.1 在区域 Ω_L 上由方案 7.2.1 所得的前两个特征值:P3 元

j	H	h	$\lambda_{j,H}$	$\lambda_{j,h}$	t (s)	λ_j^h	t (s)
1	$\frac{\sqrt{2}}{16}$	$\frac{\sqrt{2}}{128}$	6676.504680	6700.78308666	220.98	6700.78308673	10.37
1	$\frac{\sqrt{2}}{16}$	$\frac{\sqrt{2}}{256}$	6676.504680	6702.27601708	3847.12	6702.27601717	44.47
1	$\frac{\sqrt{2}}{32}$	$\frac{\sqrt{2}}{512}$	6690.902296	—	—	6702.97945137	264.06
2	$\frac{\sqrt{2}}{16}$	$\frac{\sqrt{2}}{128}$	11047.041990	11054.34178121	149.77	11054.34177004	10.40
2	$\frac{\sqrt{2}}{16}$	$\frac{\sqrt{2}}{256}$	11047.041990	11054.45813221	3285.18	11054.45813221	44.48
2	$\frac{\sqrt{2}}{32}$	$\frac{\sqrt{2}}{512}$	11052.456050	—	—	11054.49111801	264.53

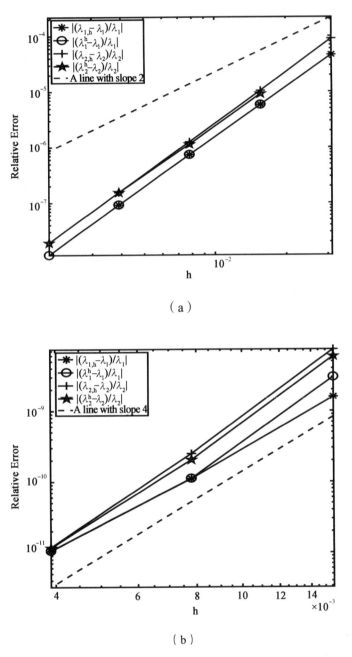

（a）

（b）

图 7.1　例 7.4.1 在区域 Ω_S 上的特征值的误差曲线：P2 元（a）和 P3 元（b）

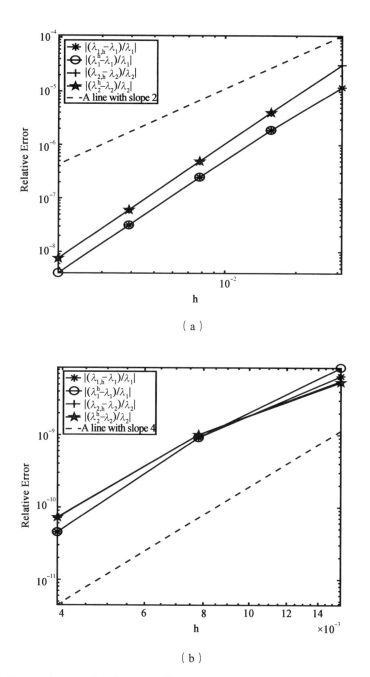

（a）

（b）

图 7.2　例 7.4.1 在区域 Ω_H 上的特征值的误差曲线：P2 元（a）和 P3 元（b）

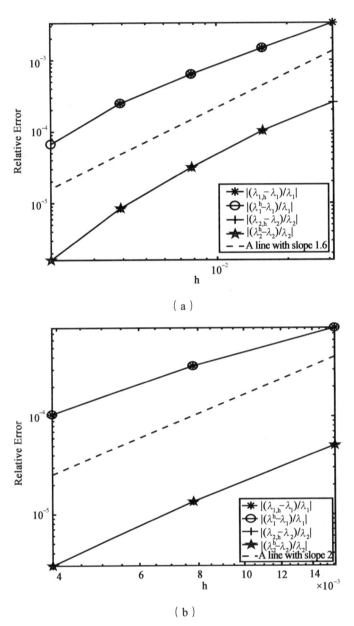

（a）

（b）

图7.3　例7.4.1在区域Ω_L上的特征值的误差曲线：P2元（a）和P3元（b）

例 7.4.2　在区域Ω_S，Ω_L和Ω_H上解板屈曲问题（7.1.3）、（7.1.4）.

对板屈曲问题，用$\lambda_1 \approx 52.3446911684165$（见文献[17]）和$\lambda_2 \approx$

92.1243939717119 作为 Ω_S 上的参考值，$\lambda_1 \approx 18.4464159362350$ 和 $\lambda_2 \approx 33.0166081178368$ 为 Ω_H 上的参考值，$\lambda_1 \approx 128.52322671840$ 和 $\lambda_2 \approx 148.0731533687$ 为 Ω_L 上的参考值. 数值结果见表 7.5 至表 7.7，误差曲线见图 7.4 至图 7.6.

表 7.5   例 7.4.2 在区域 Ω_S 上由方案 7.2.1 所得的前两个特征值:P3 元

j	H	h	$\lambda_{j,H}$	$\lambda_{j,h}$	t（s）	λ_j^h	t（s）
1	$\frac{\sqrt{2}}{16}$	$\frac{\sqrt{2}}{128}$	52.344796	52.34469117267	42.36	52.34469117267	12.31
1	$\frac{\sqrt{2}}{16}$	$\frac{\sqrt{2}}{256}$	52.344796	52.34469116856	680.42	52.34469116857	58.55
1	$\frac{\sqrt{2}}{32}$	$\frac{\sqrt{2}}{512}$	52.344695	——	——	52.34469116838	288.91
2	$\frac{\sqrt{2}}{16}$	$\frac{\sqrt{2}}{128}$	92.124700	92.12439398746	43.89	92.12439398401	12.55
2	$\frac{\sqrt{2}}{16}$	$\frac{\sqrt{2}}{256}$	92.124700	92.12439397230	684.08	92.12439397232	60.91
2	$\frac{\sqrt{2}}{32}$	$\frac{\sqrt{2}}{512}$	92.124409	——	——	92.12439397171	297.01

表 7.6   例 7.4.2 在区域 Ω_H 上由方案 7.2.1 所得的前两个特征值:P3 元

j	H	h	$\lambda_{j,H}$	$\lambda_{j,h}$	t（s）	λ_j^h	t（s）
1	$\frac{1}{16}$	$\frac{1}{128}$	18.446421	18.44641592811	29.43	18.44641592812	9.89
1	$\frac{1}{16}$	$\frac{1}{256}$	18.446421	18.44641593591	637.33	18.44641593594	40.74
1	$\frac{1}{32}$	$\frac{1}{512}$	18.446415	——	——	18.44641593624	222.75
2	$\frac{1}{16}$	$\frac{1}{128}$	33.016656	33.01660810034	28.95	33.01660810037	9.81
2	$\frac{1}{16}$	$\frac{1}{256}$	33.016656	33.01660811694	681.59	33.01660811697	41.44
2	$\frac{1}{32}$	$\frac{1}{512}$	33.016608	——	——	33.01660811784	230.05

表 7.7   例 7.4.2 在区域Ω_L上由方案 7.2.1 所得的前两个特征值:P3 元

j	H	h	$\lambda_{j,H}$	$\lambda_{j,h}$	t（s）	λ_j^h	t（s）
1	$\frac{\sqrt{2}}{16}$	$\frac{1}{128}$	128.193250	128.4964073	35.10	128.4965311	9.66
1	$\frac{\sqrt{2}}{16}$	$\frac{\sqrt{2}}{256}$	128.193250	128.5146413	187.43	128.5147804	37.77
1	$\frac{\sqrt{2}}{32}$	$\frac{\sqrt{2}}{512}$	128.374094	—	—	128.5232267	198.52
2	$\frac{\sqrt{2}}{16}$	$\frac{\sqrt{2}}{128}$	147.967803	148.0710170	40.81	148.0710278	9.68
2	$\frac{\sqrt{2}}{16}$	$\frac{\sqrt{2}}{256}$	147.967803	148.0726808	192.60	148.0726919	38.30
2	$\frac{\sqrt{2}}{32}$	$\frac{\sqrt{2}}{512}$	148.044141	—	—	148.0731534	198.36

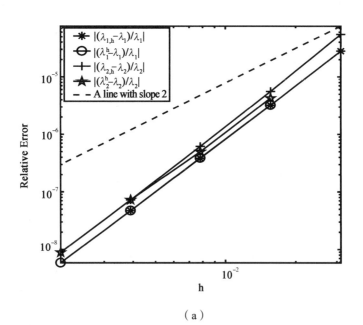

（a）

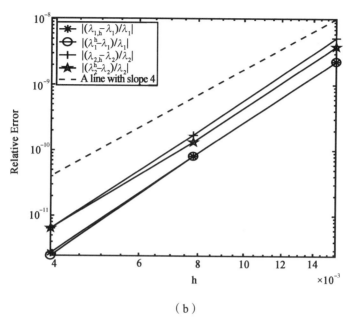

（b）

图 7.4　例 7.4.2 在区域Ω_S上的特征值的误差曲线：P2 元（a）和 P3 元（b）

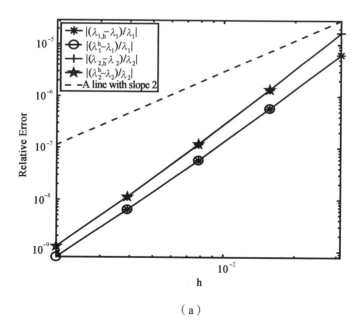

（a）

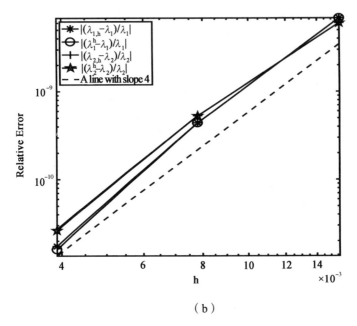

（b）

图 7.5　例 7.4.2 在区域 Ω_H 上的特征值的误差曲线：P2 元（a）和 P3 元（b）

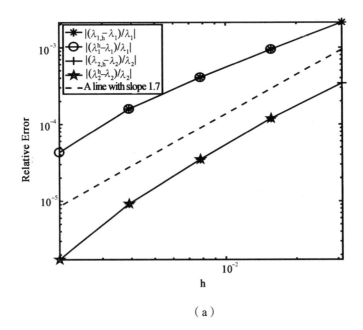

（a）

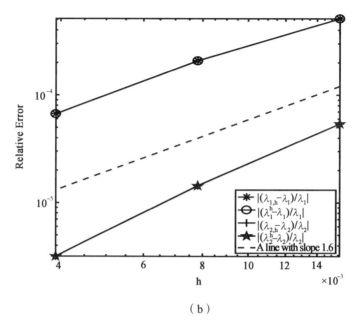

（b）

图 7.6　例 7.4.2 在区域Ω_L上的特征值的误差曲线：P2 元（a）和 P3 元（b）

在Ω_S和Ω_H上，从理论结果式（7.1.21）和式（7.2.14），可知

$$|\lambda_{j,h} - \lambda_j| \leqslant h^{2m-2}; |\lambda_j^h - \lambda_j| \leqslant h^{2m-2}[当 h \geqslant \mathcal{O}(H^2)时], m = 2,3.$$

从图 7.1、图 7.2、图 7.4 和图 7.5，可以看到λ_j^h与$\lambda_{j,h}$的收敛阶几乎一样. 我们也看到它们的收敛阶比理论更好，这是一个有趣的现象. 误差估计式（7.1.22）和式（7.2.13）是在假设$u_j \in H^{m+1}(\Omega)$和$\sigma_j = \Delta u_j \in H^{m-1}(\Omega)$下获得的. 我们认为$\sigma_j = \Delta u_j$可能有更高的光滑性，这导致$\sigma_{j,h}$和$\sigma_j^h$更高的精度. 因此，$\lambda_{j,h}$和$\lambda_j^h$就有了更高的精度.

据我们所知，到目前为止，非凸域上的误差估计还没有研究和报道. 因此，本章关于二网格离散的误差分析不能应用于区域Ω_L上的奇异特征函数. 但是图 7.3 和图 7.6 表明在区域Ω_L上，λ_j^h和$\lambda_{j,h}$具有相同的收敛阶. 从表 7.2 至 7.7 可见，在相同的精度下，随着网格尺寸h 的减小，求$\lambda_{j,h}$与求λ_j^h所用时间的比值越来越大. 当h足够小时，甚至得不到$\lambda_{j,h}$. 对于 L 形区域中具有简支板和 Cahn-Hilliard 型边界条件的重调和特征值问题，C-R 混合方法会产生伪特征值，但是对本章所讨论的问题，该方法不会产生伪特征值（见文献[22]中第 5 节）.

7.4.2　在 $\mathbb{R}^3$ 中的重调和特征值问题

例 7.4.3　在立方体区域 $\Omega_C = [-\frac{1}{2}, \frac{1}{2}]^3$ 和 L 形区域 $\Omega_{L,3} = [-\frac{1}{2}, \frac{1}{2}]^2 \times [0, \frac{1}{2}] / [(-\frac{1}{2}, 0)^2 \times (0, \frac{1}{2})]$ 上解重调和特征值问题（7.1.1）、（7.1.2）.

表 7.8 至 7.11 给出了 $\mathbb{R}^3$ 中重调和特征值问题的数值结果. 在实验中，由于计算机内存的限制，网格尺寸不能足够小，因此数值结果并不十分令人满意. 但是从表 7.8 和表 7.9 可以看到，在 $\mathbb{R}^3$ 中方案 7.2.1 比直接使用 eigs($A, M, 1, \lambda_H$) 更有效. 此外，在表 7.10 和 7.11 中列出了用命令 eigs($A, M, 2, 'sm'$) 直接求得的数值结果. 在计算式（7.1.1）、式（7.1.2）的特征值时，当 Ω_C 中 $h = 0.1531$ 时，由于计算机内存不足，计算无法进行，即在这种情况下，使用 eigs($A, M, 2, 'sm'$)不能获得特征值.

表 7.8　例 7.4.3 在区域 Ω_C 中由方案 7.2.1 所得的前两个特征值:P3 元

j	H	$\lambda_{j,H}$	h	$\lambda_{j,h}$	t（s）	λ_j^h	t（s）
1	0.6124	2409.095148	0.3062	2366.781138	47.421824	2367.167424	7.696798
1	0.3062	2366.781138	0.1531	—	—	2365.617568	369.0193
2	0.6124	7397.240401	0.3062	7237.678760	44.728223	7232.412765	7.768658
2	0.3062	7237.67876	0.1531	—	—	7223.637375	335.6516

表 7.9　例 7.4.3 在区域 $\Omega_{L,3}$ 中由方案 7.2.1 所得的前两个特征值:P3 元

j	H	$\lambda_{j,H}$	h	$\lambda_{j,h}$	t（s）	λ_j^h	t（s）
1	0.3062	19452.90548	0.1531	—	—	19332.86122	34.09480
2	0.3062	26184.34219	0.1531	—	—	25952.64028	34.18991

表 7.10　例 7.4.3 在区域 Ω_C 中由 eigs($A, M, 2, 'sm'$)所得的前两个特征值:P3 元

h	$\lambda_{1,h}$	$\lambda_{2,h}$	t（s）
0.3062	2366.781138	7229.780765	13.71337
0.1531	——	——	——

表 7.11　例 7.4.3 在区域 $\Omega_{L,3}$ 中由 eigs($A, M, 2, 'sm'$)所得的前两个特征值:P3 元

h	$\lambda_{1,h}$	$\lambda_{2,h}$	t（s）
0.3062	19452.905478	26184.342193	1.987541
0.1531	19332.190332	25950.201092	59.916972

7.4.3　基于子空间迭代的二网格离散方案的比较

我们通过数值算例比较了方案 7.2.1 和 7.3.1. 由方案 7.2.1 和方案 7.3.1 得到的数值结果见表 7.12 至表 7.13. 从表中可以看出，对于板振动问题，这两种方案都是有效的. 对于板屈曲问题，方案 7.2.1 是有效的，但另一个方案失败了. 表 7.12 至表 7.13 中的时间比较是有趣的，但这并不能说明方案 7.2.1 在计算时间上优于方案 7.3.1. 这是因为我们没有使用其他线性求解器来比较这两个方案中步骤 3 的时间成本. 比如，可以尝试使用 Krylov 子空间迭代法作为方案的线性求解器，这将是下一步研究的问题.

表 7.12　由方案 7.2.1 和方案 7.3.1 所得的例 7.4.1 的前两个特征值:P3 元

domain	H	h	λ_1^h	λ_2^h	$t(s)$	λ_1^{h*}	λ_2^{h*}	$t(s)$
Ω_S	$\dfrac{\sqrt{2}}{16}$	$\dfrac{\sqrt{2}}{128}$	1294.933980	5386.655838	15.6	1294.933980	5386.656579	53.0
Ω_S	$\dfrac{\sqrt{2}}{32}$	$\dfrac{\sqrt{2}}{256}$	1294.933980	5386.656561	82.5	1294.933980	5386.656561	511.6
Ω_H	$\dfrac{1}{16}$	$\dfrac{1}{128}$	163.597568	703.328903	11.5	163.597568	703.328903	48.5
Ω_H	$\dfrac{1}{32}$	$\dfrac{1}{256}$	163.597568	703.328903	54.2	163.597568	703.328903	370.5
Ω_L	$\dfrac{\sqrt{2}}{16}$	$\dfrac{\sqrt{2}}{128}$	6700.783087	11054.341956	10.9	6700.786360	11054.342510	27.5
Ω_L	$\dfrac{\sqrt{2}}{32}$	$\dfrac{\sqrt{2}}{256}$	6702.276017	11054.458146	47.4	6702.276690	11054.458186	234.6

表 7.13　由方案 7.2.1 和方案 7.3.1 所得的例 7.4.2 的前两个特征值:P3 元

domain	H	h	λ_1^h	λ_2^h	$t(s)$	$\lambda_1^{h\bullet}$	$\lambda_2^{h\bullet}$	$t(s)$
Ω_S	$\dfrac{\sqrt{2}}{16}$	$\dfrac{\sqrt{2}}{128}$	52.344691	94.207897	14.57	60.781013	103.297472	52.95
Ω_S	$\dfrac{\sqrt{2}}{32}$	$\dfrac{\sqrt{2}}{256}$	52.344691	94.196895	68.30	60.754062	103.239436	510.59
Ω_H	$\dfrac{1}{16}$	$\dfrac{1}{128}$	18.446416	33.787503	10.89	21.381093	36.974489	48.91
Ω_H	$\dfrac{1}{32}$	$\dfrac{1}{256}$	18.446416	33.782287	46.50	21.371184	36.948195	371.12
Ω_L	$\dfrac{\sqrt{2}}{16}$	$\dfrac{\sqrt{2}}{128}$	128.496531	148.471806	11.20	150.717054	170.302453	27.53
Ω_L	$\dfrac{\sqrt{2}}{32}$	$\dfrac{\sqrt{2}}{256}$	128.514668	148.462372	43.71	150.559481	170.090476	238.22

7.4.4　基于移位反迭代的多网格离散方案

在本小节中，使用方案 7.2.2，我们计算式（7.1.1）、式（7.1.2）和式（7.1.3）、式（7.1.4）. 数值结果见表 7.14 和表 7.15. 由于计算机内存的限制，在方案 7.2.2 中，我们只取迭代次数 $l = 2$. h_0，h_1 和 h_2 分别是 π_{h_0}，π_{h_1} 和 π_{h_2} 的网格尺寸. 从表 7.14 和表 7.15 可知方案 7.2.2 是有效的.

表 7.14　由方案 7.2.2 所得的例 7.4.1 的前两个特征值:P3 元

domain	h_0	h_1	h_2	$\lambda_1^{h_2}$	$t(s)$	$\lambda_2^{h_2}$	$t(s)$
Ω_S	$\dfrac{\sqrt{2}}{8}$	$\dfrac{\sqrt{2}}{32}$	$\dfrac{\sqrt{2}}{128}$	1294.933980	14.62	5386.656562	14.27
Ω_S	$\dfrac{\sqrt{2}}{16}$	$\dfrac{\sqrt{2}}{64}$	$\dfrac{\sqrt{2}}{256}$	1294.933980	75.40	5386.656561	76.56
Ω_H	$\dfrac{1}{8}$	$\dfrac{1}{32}$	$\dfrac{1}{128}$	163.597568	10.67	703.328903	10.95
Ω_H	$\dfrac{1}{16}$	$\dfrac{1}{64}$	$\dfrac{1}{256}$	163.597568	52.23	703.328903	53.37
Ω_L	$\dfrac{\sqrt{2}}{8}$	$\dfrac{\sqrt{2}}{32}$	$\dfrac{\sqrt{2}}{128}$	6700.783087	10.32	11054.341770	10.35
Ω_L	$\dfrac{\sqrt{2}}{16}$	$\dfrac{\sqrt{2}}{64}$	$\dfrac{\sqrt{2}}{256}$	6702.276017	43.85	11054.458132	44.01

表 7.15 由方案 7.2.2 所得的例 7.4.2 的前两个特征值:P3 元

domain	h_0	h_1	h_2	$\lambda_1^{h_2}$	$t(s)$	$\lambda_2^{h_2}$	$t(s)$
Ω_S	$\dfrac{\sqrt{2}}{8}$	$\dfrac{\sqrt{2}}{32}$	$\dfrac{\sqrt{2}}{128}$	52.344691	13.53	92.124394	13.19
Ω_S	$\dfrac{\sqrt{2}}{16}$	$\dfrac{\sqrt{2}}{64}$	$\dfrac{\sqrt{2}}{256}$	52.344691	63.54	92.124394	64.04
Ω_H	$\dfrac{1}{8}$	$\dfrac{1}{32}$	$\dfrac{1}{128}$	18.446416	10.27	33.016608	10.24
Ω_H	$\dfrac{1}{16}$	$\dfrac{1}{64}$	$\dfrac{1}{256}$	18.446416	42.70	33.016608	43.71
Ω_L	$\dfrac{1}{8}$	$\dfrac{1}{32}$	$\dfrac{1}{128}$	128.497109	10.15	148.071149	10.10
Ω_L	$\dfrac{\sqrt{2}}{16}$	$\dfrac{\sqrt{2}}{64}$	$\dfrac{\sqrt{2}}{256}$	128.514779	40.08	148.072692	40.73

8 反散射中Steklov特征值问题的多网格校正

非均匀介质的反散射问题有着广泛的应用，如医学成像和无损检验等. 本章所考虑的反散射中的 Steklov 特征值问题是非自共轭的，且相关的半双线性型不是H^1-强制的. 与传输特征值一样，该问题可以被用来重建障碍物的形状并估计非均匀介质的折射率，从而检测出被测物体的缺陷. 不同的是，反散射中 Steklov 特征值问题可以由单频数据的远场决定[27, 9]，而且复 Steklov 特征值值也可以由远场数据决定. 该问题数值解也引起了研究者们关注. 文献[27]研究了该问题的协调有限元逼近. Liu 等[99]首次证明了特征值的误差估计，而且他们证明了离散 Neumann-to-Dirichlet 算子T_h在范数$\|\cdot\|_{0,\partial\Omega}$意义下收敛于 Neumann-to-Dirichlet 算子 T. 进一步地，闭等[16]证明了在范数 $\|\cdot\|_{-\frac{1}{2},\partial\Omega}$意义下的这一收敛性，并研究了该问题的二网格离散. 文献[161]研究了渐近准确后验误差估计. 文献[106]讨论了该问题的间断 Galerkin 方法.

文献[93，146]建立了一种基于多水平校正的新型多网格方案，并成功地应用到自共轭 Steklov 特征值问题[63, 147]、对流扩散特征值问题[118, 152]、传输特征值问题[61]等. 在上述应用中，问题相关的双线性型或半双线型都是强制的. 基于上述工作，本章对反散射中特征值问题建立多网格校正方案，并证明特征值和特征函数的误差估计. 该工作将在细有限元空间中求解刚度阵非对称不定的特征值问题转化为在一系列细有限元空间中求解一系列系数矩阵对称正定的边值问题　和在最粗有限元空间中求解一系列刚度阵非对称不定的特征值问题.

8.1 特征值问题及基本误差估计

考虑下列反散射中 Steklov 特征值问题（见文献[27]）：

$$\Delta u + k^2 n(x)u = 0 \quad \text{在}\Omega\text{内,} \tag{8.1.1}$$

$$\frac{\partial u}{\partial \nu} + \lambda u = 0 \quad \text{在}\partial\Omega\text{上,} \tag{8.1.2}$$

这里Ω的维数$d=2$，k是波数且$n(x)$散射指数. 假设$n(x)$是有界复值函数，由下式

给出:

$$n(x) = n_1(x) + i\frac{n_2(x)}{k},$$

$i = \sqrt{-1}$，$n_1(x) > 0$ 和$n_2(x) \geqslant 0$ 是有界的且是分片光滑的函数.

设$(\cdot,\cdot)_0$，$a(\cdot,\cdot)$ 和$b(\cdot,\cdot)$的定义如下:

$$(u,v)_0 = \int_\Omega u\bar{v},$$

$$a(u,v) = (\nabla u, \nabla v)_0 - [k^2 n(x)u, v]_0,$$

$$b(u,v) = \int_{\partial\Omega} u\bar{v}.$$

由文献[27]，问题（8.1.1）至（8.1.2）的弱形式是: 求$(\lambda,u) \in \mathbb{C} \times H^1(\Omega)$，$\|u\|_{0,\partial\Omega} = 1$，使得

$$a(u,v) = -\lambda b(u,v), \qquad \forall v \in H^1(\Omega). \tag{8.1.3}$$

在本章中，我们选择有限元空间为第 2 章定义的$V_h = V_h^{P_1}$.

式（8.1.3）的有限元近似是: 求$(\lambda_h, u_h) \in \mathbb{C} \times V_h$，$\|u_h\|_{0,\partial\Omega} = 1$，使得

$$a(u_h, v) = -\lambda_h b(u_h, v), \qquad \forall v \in V_h. \tag{8.1.4}$$

从文献[16]中第 2 节可知，对任意$f \in H^{-\frac{1}{2}}(\partial\Omega)$，定义算子$A: H^{-\frac{1}{2}}(\partial\Omega) \to H^1(\Omega)$为

$$a(Af, v) = b(f, v), \qquad \forall v \in H^1(\Omega). \tag{8.1.5}$$

定义 Neumann-to-Dirichlet 算子$T: H^{-\frac{1}{2}}(\partial\Omega) \to H^{\frac{1}{2}}(\partial\Omega)$

$$Tf = Af|_{\partial\Omega}.$$

类似地，定义离散算子$A_h: H^{-\frac{1}{2}}(\partial\Omega) \to V_h$为

$$a(A_h f, v) = b(f, v), \qquad \forall v \in V_h. \tag{8.1.6}$$

定义离散 Neumann-to-Dirichlet 算子$T_h: H^{-\frac{1}{2}}(\partial\Omega) \to \partial V_h$为

$$T_h f = A_h f|_{\partial\Omega}.$$

因此，式（8.1.3）和式（8.1.4）分别有下列等价算子形式：

$$Au = -\frac{1}{\lambda}u, \qquad Tu = -\frac{1}{\lambda}u. \qquad （8.1.7）$$

$$A_h u_h = -\frac{1}{\lambda_h}u_h, \qquad T_h u_h = -\frac{1}{\lambda_h}u_h. \qquad （8.1.8）$$

定义$\eta_0(h)$为

$$\eta_0(h) = \sup_{f\in H^{\frac{1}{2}}(\partial\Omega),\|f\|_{\frac{1}{2},\partial\Omega}=1} \inf_{v\in V_h} \| Af - v\|_{1,\Omega}. \qquad （8.1.9）$$

定义P_h是$H^1(\Omega)$到V_h上上的有限元投影算子，满足

$$a(w - P_h w, v) = 0, \qquad \forall w \in H^1(\Omega)且v \in V_h. \qquad （8.1.10）$$

考虑式（8.1.3）的共轭问题：求$(\lambda^*, u^*) \in \mathbb{C} \times H^1(\Omega)$，$\| u^*\|_{0,\partial\Omega} = 1$，使得

$$a(v, u^*) = -\overline{\lambda^*} b(v, u^*), \qquad \forall v \in H^1(\Omega). \qquad （8.1.11）$$

原特征值和共轭特征值满足$\lambda = \overline{\lambda^*}$.

与式（8.1.11）相关的有限元逼近是：求$(\lambda_h^*, u_h^*) \in \mathbb{C} \times V_h$，$\| u_h^*\|_{0,\partial\Omega} = 1$，使得

$$a(v, u_h^*) = -\overline{\lambda_h^*} b(v, u_h^*), \qquad \forall v \in V_h. \qquad （8.1.12）$$

原特征值和共轭特征值满足$\lambda_h = \overline{\lambda_h^*}$.

相似地，从相应于式（8.1.11）式（8.1.12）的源问题，可以定义算子$A^*: H^{-\frac{1}{2}}(\partial\Omega) \to H^1(\Omega)$和$A_h^*: H^{-\frac{1}{2}}(\partial\Omega) \to V_h$使得

$$a(v, A^*f) = b(v, f), \quad \forall \quad v \in \mathrm{H}^1(\Omega), \qquad （8.1.13）$$

$$a(v, A_h^*f) = b(v, f), \quad \forall \quad v \in V_h. \qquad （8.1.14）$$

类似地，Neumann-to-Dirichlet 和离散 Neumann-to-Dirichlet 算子可定义为$T^*: H^{-\frac{1}{2}}(\partial\Omega) \to H^{\frac{1}{2}}(\partial\Omega)$和$T_h^*: H^{-\frac{1}{2}}(\partial\Omega) \to \partial V_h$.

进而，可以定义$\eta_0^*(h)$

$$\eta_0^*(h) = \sup_{f\in H^{\frac{1}{2}}(\partial\Omega),\|f\|_{\frac{1}{2},\partial\Omega}=1} \inf_{v\in V_h} \| A^*f - v\|_{1,\Omega}. \qquad （8.1.15）$$

设$P_h^*: H^1(\Omega) \to V_h$是投影，满足

$$a(v, w^* - P_h^* w^*) = 0, \qquad \forall \quad w^* \in H^1(\Omega) 且 v \in V_h. \qquad （8.1.16）$$

对于边值问题（8.1.5），有下列引理成立，它也是理论分析中所需要的.

引理 8.1.1 如果$f \in L^2(\partial\Omega)$，则$Af \in H^{1+\frac{\gamma}{2}}(\Omega)$且

$$\| Af \|_{1+\frac{\gamma}{2}} \leqslant C \| f \|_{0,\partial\Omega}, \qquad （8.1.17）$$

如果$f \in H^{\frac{1}{2}}(\partial\Omega)$，则$Af \in H^{1+\gamma}(\Omega)$ 且

$$\| Af \|_{1+\gamma} \leqslant C \| f \|_{\frac{1}{2},\partial\Omega}, \qquad （8.1.18）$$

这里当Ω的最大内角θ满足$\theta < \pi$时，$\gamma = 1$；当$\theta > \pi$时，$\gamma < \frac{\pi}{\theta}$，可以任意靠近$\frac{\pi}{\theta}$.

证明： 见文献[49].

共轭问题（8.1.13）与原问题有同样的正则性. 参考文献[16]中引理2.2，可证明下列引理.

引理 8.1.2 任意$w \in H^1(\Omega)$，下列估计成立：

$$\eta_0(h) \to 0, \quad \eta_0^*(h) \to 0, \quad (h \to 0), \qquad （8.1.19）$$

$$\| w - P_h w \|_{-\frac{1}{2},\partial\Omega} \lesssim \eta_0^*(h) \| w - P_h w \|_{1,\Omega}, \qquad （8.1.20）$$

$$\| w^* - P_h^* w^* \|_{-\frac{1}{2},\partial\Omega} \lesssim \eta_0(h) \| w^* - P_h^* w^* \|_{1,\Omega}. \qquad （8.1.21）$$

证明： 由式（8.1.18）和插值误差估计可证得式（8.1.19）. 下面，我们主要证明（8.1.20）.

根据式（8.1.13）和式（8.1.10），推出

$$\|w - P_h w\|_{-\frac{1}{2},\partial\Omega} = \sup_{f\in H^{\frac{1}{2}}(\partial\Omega),\|f\|_{\frac{1}{2},\partial\Omega}=1} |b(w - P_h w, f)|$$

$$= \sup_{f\in H^{\frac{1}{2}}(\partial\Omega),\|f\|_{\frac{1}{2},\partial\Omega}=1} |a(w - P_h w, A^* f)|$$

$$= \sup_{f\in H^{\frac{1}{2}}(\partial\Omega),\|f\|_{\frac{1}{2},\partial\Omega}=1} |a(w - P_h w, A^* f - v)|$$

$$\lesssim \sup_{f\in H^{\frac{1}{2}}(\partial\Omega),\|f\|_{\frac{1}{2},\partial\Omega}=1} \|w - P_h w\|_{1,\Omega} \|A^* f - v\|_{1,\Omega}, \quad \forall\ v \in V_h.$$

结合 $\eta_0^*(h)$ 的定义可得式（8.1.20）. 类似可证式（8.1.21）.

定义下列半双线性型:

$$\tilde{a}(u, v) = (\nabla u, \nabla v)_0 + (u, v)_0.$$

根据 $\tilde{a}$ 的定义, 式（8.1.3）可写为

$$\tilde{a}(u, v) = -\lambda b(u, v) + ([k^2 n(x) + 1]u, v)_0, \quad \forall v \in H^1(\Omega). \quad （8.1.22）$$

因为 $\tilde{a}(\cdot, \cdot)$ 是 H^1-强制的, 可以定义 Ritz 投影 $\tilde{P}_h, \tilde{P}_h^*$: $H^1(\Omega) \to V_h$ 满足

$$\tilde{a}(w - \tilde{P}_h w, v) = 0, \quad \forall\ w \in H^1(\Omega), \quad v \in V_h, \quad （8.1.23）$$

$$\tilde{a}(v, w^* - \tilde{P}_h^* w^*) = 0, \quad \forall\ w \in H^1(\Omega), \quad v \in V_h. \quad （8.1.24）$$

为后面的讨论, 我们考虑以下辅助问题: 求 $\psi, \psi^* \in H^1(\Omega)$ 使得

$$\tilde{a}(\psi, v) = b(f, v), \quad \forall\ v \in H^1(\Omega),$$

$$\tilde{a}(v, \psi^*) = b(v, f), \quad \forall\ v \in H^1(\Omega).$$

对任意 $f \in H^{-\frac{1}{2}}(\partial\Omega)$, 算子 $A_1, A_1^*: H^{-\frac{1}{2}}(\partial\Omega) \to H^1(\Omega)$ 分别满足

$$\tilde{a}(A_1 f, v) = b(f, v), \quad \forall\ v \in H^1(\Omega), \quad （8.1.25）$$

$$\tilde{a}(v, A_1^* f) = b(v, f), \quad \forall v \in H^1(\Omega). \quad （8.1.26）$$

定义 $\eta_1(h)$ 和 $\eta_1^*(h)$ 为

$$\eta_1(h) = \sup_{f\in H^{\frac{1}{2}}(\partial\Omega),\|f\|_{\frac{1}{2},\partial\Omega}=1} \inf_{v\in V_h} \|A_1 f - v\|_{1,\Omega},$$

$$\eta_1^*(h) = \sup_{f\in H^{\frac{1}{2}}(\partial\Omega),\|f\|_{\frac{1}{2},\partial\Omega}=1} \inf_{v\in V_h} \|A_1^* f - v\|_{1,\Omega}.$$

接下来证明下列引理.

引理 8.1.3 对任意$w \in H^1(\Omega)$，下列估计成立：

$$\eta_1(h) \to 0, \quad \eta_1^*(h) \to 0, \quad (h \to 0), \tag{8.1.27}$$

$$\| w - \widetilde{P}_h w \|_{-\frac{1}{2},\partial\Omega} \lesssim \eta_1^*(h) \| w - \widetilde{P}_h w \|_{1,\Omega}, \tag{8.1.28}$$

$$\| w^* - \widetilde{P}_h^* w^* \|_{-\frac{1}{2},\partial\Omega} \lesssim \eta_1(h) \| w^* - \widetilde{P}_h^* w^* \|_{1,\Omega}. \tag{8.1.29}$$

证明： 用类似于式（8.1.19）的论证可证得式（8.1.27）. 从式（8.1.26）、式（8.1.23）以及$\eta_1^*(h)$的定义可得式（8.1.28）. 类似地，结合式（8.1.25）、式（8.1.24）和$\eta_1(h)$的定义可推出式（8.1.29）.

为后面的讨论，我们考虑如下辅助问题：求$\psi_f, \psi_f^* \in H^1(\Omega)$使得

$$\begin{aligned} \widetilde{a}(\psi_f, v) &= (f, v)_0, & \forall \ v \in H^1(\Omega), \\ \widetilde{a}(v, \psi_f^*) &= (v, f)_0, & \forall \ v \in H^1(\Omega). \end{aligned}$$

对任意$f \in L^2(\Omega)$，算子$A_2, A_2^*: L^2(\Omega) \to H^1(\Omega)$分别满足

$$\widetilde{a}(A_2 f, v) = (f, v)_0, \quad \forall \ v \in H^1(\Omega), \tag{8.1.30}$$

$$\widetilde{a}(v, A_2^* f) = (v, f)_0, \quad \forall \ v \in H^1(\Omega). \tag{8.1.31}$$

定义$\eta_2(h)$和$\eta_2^*(h)$为

$$\eta_2(h) = \sup_{f \in L^2(\Omega), \|f\|_{0,\Omega}=1} \inf_{v \in V_h} \| A_2 f - v \|_{1,\Omega},$$

$$\eta_2^*(h) = \sup_{f \in L^2(\Omega), \|f\|_{0,\Omega}=1} \inf_{v \in V_h} \| A_2^* f - v \|_{1,\Omega}.$$

则下列引理成立.

引理 8.1.4 对任意$w \in H^1(\Omega)$，下列估计成立：

$$\eta_2(h) \to 0, \quad \eta_2^*(h) \to 0, \quad (h \to 0), \tag{8.1.32}$$

$$\| w - \widetilde{P}_h w \|_{0,\Omega} \lesssim \eta_2^*(h) \| w - \widetilde{P}_h w \|_{1,\Omega}, \tag{8.1.33}$$

$$\| w^* - \widetilde{P}_h^* w^* \|_{0,\Omega} \lesssim \eta_2(h) \| w^* - \widetilde{P}_h^* w^* \|_{1,\Omega}. \tag{8.1.34}$$

证明： 用类似于式（8.1.19）的论证可证得式（8.1.32）. 从式（8.1.31）、式（8.1.23）和$\eta_1^*(h)$的定义可得式（8.1.33）. 类似地，结合式（8.1.30）、式（8.1.24）和$\eta_1(h)$的定义可推出式（8.1.34）.

刘等[99]证明了$\| T_h - T \|_{0,\partial\Omega} \to 0(h \to 0)$. 进一步地，闭等[16]证明了$\| T_h - T \|_{-\frac{1}{2},\partial\Omega} \to 0(h \to 0)$. 实际上，易证得$\| A_h - A \|_{1,\Omega} \to 0(h \to 0)$.

设 λ 是式（8.1.3）的第 i 个特征值，其陡度为 α，代数重数为 q. 则式（8.1.4）有 q 个特征值 $\lambda_{j,h}(j = i, i+1, \cdots, i+q-1)$ 收敛于 λ. 设 $M(\lambda)$ 是式（8.1.3）的相应于特征值 λ 的所有广义特征函数张成的空间. $M_h(\lambda)$ 是由式（8.1.4）的相应于特征值 $\lambda_{j,h}(j = i, i+1, \cdots, i+q-1)$ 的所有广义特征函数张成的空间. 对共轭问题（8.1.11）和（8.1.12），相似于 $M(\lambda)$ 和 $M_h(\lambda)$，分别定义 $M^*(\lambda^*)$ 和 $M_h^*(\lambda^*)$. 定义

$$\delta_h(\lambda) = \sup_{w \in M(\lambda), \|w\|_{0,\partial\Omega}=1} \inf_{v \in V_h} \| w - v \|_{1,\Omega}, \tag{8.1.35}$$

$$\delta_h^*(\lambda^*) = \sup_{w^* \in M^*(\lambda^*), \|w^*\|_{0,\partial\Omega}=1} \inf_{v \in V_h} \| w^* - v \|_{1,\Omega}. \tag{8.1.36}$$

由文献[16]中引理 2.2、引理 2.4 和引理 2.6，以及谱逼近理论（见文献[11]）可以得到下列结论.

引理 **8.1.5**　假设 u_h 是式（8.1.4）的特征函数近似，则存在式（8.1.3）的相应于 λ 的特征函数 $u \in M(\lambda)$ 使得

$$\| u - u_h \|_{-\frac{1}{2},\partial\Omega} \lesssim [\eta_0^*(h)\delta_h(\lambda)]^{\frac{1}{\alpha}}, \tag{8.1.37}$$

$$\| u - u_h \|_{1,\Omega} \lesssim \delta_h(\lambda) + [\eta_0^*(h)\delta_h(\lambda)]^{\frac{1}{\alpha}}, \tag{8.1.38}$$

$$\| u - u_h \|_{0,\Omega} \lesssim [\eta_0^*(h)\delta_h(\lambda)]^{\frac{1}{\alpha}}, \tag{8.1.39}$$

且

$$|\lambda - \lambda_h| \lesssim [\delta_h(\lambda)\delta_h^*(\lambda^*)]^{\frac{1}{\alpha}} \tag{8.1.40}$$

引理 **8.1.6**　假设 u_h^* 是式（8.1.12）的特征函数近似，则存在式（8.1.11）的相应于 λ^* 的特征函数 $u^* \in M^*(\lambda^*)$ 使得

$$\| u^* - u_h^* \|_{-\frac{1}{2},\partial\Omega} \lesssim [\eta_0(h)\delta_h^*(\lambda^*)]^{\frac{1}{\alpha}}, \tag{8.1.41}$$

$$\| u^* - u_h^* \|_{1,\Omega} \lesssim \delta_h^*(\lambda^*) + [\eta_0(h)\delta_h^*(\lambda^*)]^{\frac{1}{\alpha}}, \tag{8.1.42}$$

$$\| u^* - u_h^* \|_{0,\Omega} \lesssim [\eta_0(h)\delta_h^*(\lambda^*)]^{\frac{1}{\alpha}}, \tag{8.1.43}$$

且

$$|\lambda^* - \lambda_h^*| \lesssim [\delta_h(\lambda)\delta_h^*(\lambda^*)]^{\frac{1}{\alpha}}. \tag{8.1.44}$$

8.2 一步校正

为便于下一节的讨论，基于文献[93，147，152]，我们给出了下面的一步校正. 首先，初始网格 $\pi_H = \pi_{h_1}$ 的网格尺寸为 $H = h_1$ 的 $\pi_H = \pi_{h_1}$. 定义一个三角形网格序列 $\pi_{h_{l+1}}$，网格尺寸为 h_{l+1}，它是由 π_{h_l} 经过规则方法加密而得，而且

$$h_{l+1} \approx \frac{1}{\xi} h_l,$$

这里ξ是一个整数，在数值实验中总为 2.

基于这一网格序列，定义下列协调线性有限元空间:

$$V_H = V_{h_1} \subset V_{h_2} \subset \cdots \subset V_{h_n} \subset H^1(\Omega).$$

那么

$$\delta_{h_{l+1}}(\lambda_j) \approx \frac{1}{\xi} \delta_{h_l}(\lambda_j), \quad \delta^*_{h_{l+1}}(\lambda^*_j) \approx \frac{1}{\xi} \delta^*_{h_l}(\lambda^*_j). \tag{8.2.1}$$

假设已经得到式（8.1.3）和式（8.1.11）的近似特征对，即分别是 $(\lambda^c_{j,h_l}, u^c_{j,h_l}) \in \mathbb{C} \times V_{h_l}$ 且 $\| u^c_{j,h_l} \|_{0,\partial\Omega} = 1$，以及 $(\lambda^{c*}_{j,h_l}, u^{c*}_{j,h_l}) \in \mathbb{C} \times V_{h_l}$ 且 $\| u^{c*}_{j,h_l} \|_{0,\partial\Omega} = 1$ 对 $j = i, i+1, \cdots, i+q-1$. 现在给出一步校正.

步骤 1. 对 $j = i, \cdots, i+q-1$，解下列边值问题: 求 $\tilde{u}_{j,h_{l+1}}, \tilde{u}^*_{j,h_{l+1}} \in V_{h_{l+1}}$ 使得

$$\tilde{a}(\tilde{u}_{j,h_{l+1}}, v) = -\lambda^c_{j,h_l} b(u^c_{j,h_l}, v) + ([k^2 n(x)+1] u^c_{j,h_l}, v)_0, \quad \forall v \in V_{h_{l+1}}, \tag{8.2.2}$$

$$\tilde{a}(v, \tilde{u}^*_{j,h_{l+1}}) = -\overline{\lambda^{c*}_{j,h_l}} b(v, u^{c*}_{j,h_l}) + (v, [k^2 n(x)+1] u^{c*}_{j,h_l})_0, \quad \forall v \in V_{h_{l+1}}. \tag{8.2.3}$$

步骤 2. 定义新的有限元空间:

$$V_{H,h_{l+1}} = V_H \oplus span\{\tilde{u}_{i,h_{l+1}}, \cdots, \tilde{u}_{i+q-1,h_{l+1}}, \tilde{u}^*_{i,h_{l+1}}, \cdots, \tilde{u}^*_{i+q-1,h_{l+1}}\},$$

解下列 Steklov 特征值问题

$$a(u^c_{j,h_{l+1}}, v) = -\lambda^c_{j,h_{l+1}} b(u^c_{j,h_{l+1}}, v), \quad \forall v \in V_{H,h_{l+1}}, \tag{8.2.4}$$

$$a(v, u^{c*}_{j,h_{l+1}}) = -\overline{\lambda^{c*}_{j,h_{l+1}}} b(v, u^{c*}_{j,h_{l+1}}), \quad \forall v \in V_{H,h_{l+1}}. \tag{8.2.5}$$

得到 $\{\lambda^c_{j,h_{l+1}}\}_{j=i}^{i+q-1}$，$M_{h_{l+1}}(\lambda_i)$ 的一组基 $\{u^c_{j,h_{l+1}}\}_{j=i}^{i+q-1}$，有 $\| u^c_{j,h_{l+1}} \|_{0,\partial\Omega} = 1$ 以及

$M_{h_{l+1}}^*(\lambda_i^*)$ 的一组基 $\{u_{j,h_{l+1}}^{c*}\}_{j=i}^{i+q-1}$，有 $\|u_{j,h_{l+1}}^{c*}\|_{0,\partial\Omega} = 1$.

将这两步表示为：

$$\{\lambda_{j,h_{l+1}}^c, \lambda_{j,h_{l+1}}^{c*}, u_{j,h_{l+1}}^c, u_{j,h_{l+1}}^{c*}\}_{j=i}^{i+q-1} = \text{Correction}(V_H, \{\lambda_{j,h_l}^c, \lambda_{j,h_l}^{c*}, u_{j,h_l}^c, u_{j,h_l}^{c*}\}_{j=i}^{i+q-1}, V_{h_{l+1}}).$$

为了证得定理 8.2.1 的误差分析，需要下列假设（A0）.

令 $\eta(H) = \max\{\eta_0(H), \eta_1(H), \eta_2(H)\}$，$\eta^*(H) = \max\{\eta_0^*(H), \eta_1^*(H), \eta_2^*(H)\}$.

（A0）. 假设 $\{\widetilde{u}_{j,h_l}\}_{j=i}^{i+q-1} \subset M_{h_l}(\lambda_i)$，$\|\widetilde{u}_{j,h_l}\|_{0,\partial\Omega} = 1$，且 $\{\widetilde{u}_{s,h_l}^*\}_{s=i}^{i+q-1} \subset M_{h_l}^*(\lambda_i^*)$，$\|\widetilde{u}_{s,h_l}^*\|_{0,\partial\Omega} = 1$，使得

$$|b(u_{j,h_l}^c, \widetilde{u}_{s,h_l}^*)| + |b(\widetilde{u}_{j,h_l}, u_{s,h_l}^{c*})| \leqslant C(\eta(H) + \eta^*(H)),$$

这里 $j, s = i, \cdots, i+q-1, j \neq s$，而且 $|b(u_{j,h_l}^c, \widetilde{u}_{j,h_l}^*)| + |b(\widetilde{u}_{j,h_l}, u_{j,h_l}^{c*})|(j = i, i+1, \cdots, i+q-1)$ 有关于 h_l 一致正的下界.

实际计算中可以用 Arnoldi 算法来求解共轭问题（8.1.11）并得到 $\{\widetilde{u}_{s,h_l}^*\}_i^{i+q-1}$，同时，MATLAB 已经提供了求解器"sptarn"和"eigs"来实施 Arnoldi 算法；也能使用文献[46]中的双边 Arnoldi 算法来同时计算式（8.1.3）的左、右特征向量，而且得到 $\{u_{j,h_l}^c\}_i^{i+q-1}$ 和 $\{\widetilde{u}_{s,h_l}^*\}_i^{i+q-1}$.

现在，我们给出了一步校正的误差估计，这表明经过一步校正后，数值特征对的精度可以得到改善. 而且它对本章定理 8.3.1（多网格校正方案的误差）的证明来说也是基础的.

定理 8.2.1　假设（A0）成立且陡度 $\alpha = 1$. 存在两个特征对 (λ_j, u_j)，(λ_j^*, u_j^*) 和两个数 $\varepsilon_{h_l}(\lambda_i)$，$\varepsilon_{h_l}^*(\lambda_i^*)$ 使得在一步校正中给定的特征对 $\{\lambda_{j,h_l}^c, u_{j,h_l}^c\}_{j=i}^{i+q-1}$ 和 $\{\lambda_{j,h_l}^{c*}, u_{j,h_l}^{c*}\}_{j=i}^{i+q-1}$ 有下列误差估计：

$$\|u_{j,h_l}^c - u_j\|_{1,\Omega} \lesssim \varepsilon_{h_l}(\lambda_i), \tag{8.2.6}$$

$$\|u_{j,h_l}^{c*} - u_j^*\|_{1,\Omega} \lesssim \varepsilon_{h_l}^*(\lambda_i^*), \tag{8.2.7}$$

$$\|u_{j,h_l}^c - u_j\|_{-\frac{1}{2},\partial\Omega} \lesssim \eta^*(H)\varepsilon_{h_l}(\lambda_i), \tag{8.2.8}$$

$$\|u_{j,h_l}^{c*} - u_j^*\|_{-\frac{1}{2},\partial\Omega} \lesssim \eta(H)\varepsilon_{h_l}^*(\lambda_i^*), \tag{8.2.9}$$

$$\|u_{j,h_l}^c - u_j\|_{0,\Omega} \lesssim \eta^*(H)\varepsilon_{h_l}(\lambda_i), \tag{8.2.10}$$

$$\|u_{j,h_l}^{c*} - u_j^*\|_{0,\Omega} \lesssim \eta(H)\varepsilon_{h_l}^*(\lambda_i^*), \tag{8.2.11}$$

$$|\lambda_{j,h_l}^c - \lambda_j| \lesssim \varepsilon_{h_l}(\lambda_i)\varepsilon_{h_l}^*(\lambda_i^*). \tag{8.2.12}$$

在实施了一步校正后，存在两个特征对 $(\lambda_j, \hat{u}_j)$ 和 $(\lambda_j^*, \hat{u}_j^*)$ 使得 $\{\lambda_{j,h_{l+1}}^c, u_{j,h_{l+1}}^c\}_{j=i}^{i+q-1}$ 和 $\{\lambda_{j,h_{l+1}}^{c*}, u_{j,h_{l+1}}^{c*}\}_{j=i}^{i+q-1}$ 有下列误差估计：

$$\| u_{j,h_{l+1}}^c - \hat{u}_j \|_{1,\Omega} \lesssim \varepsilon_{h_{l+1}}(\lambda_i), \qquad (8.2.13)$$

$$\| u_{j,h_{l+1}}^{c*} - \hat{u}_j^* \|_{1,\Omega} \lesssim \varepsilon_{h_{l+1}}^*(\lambda_i^*), \qquad (8.2.14)$$

$$\| u_{j,h_{l+1}}^c - \hat{u}_j \|_{-\frac{1}{2},\partial\Omega} \lesssim \eta^*(H)\varepsilon_{h_{l+1}}(\lambda_i), \qquad (8.2.15)$$

$$\| u_{j,h_{l+1}}^{c*} - \hat{u}_j^* \|_{-\frac{1}{2},\partial\Omega} \lesssim \eta(H)\varepsilon_{h_{l+1}}^*(\lambda_i^*), \qquad (8.2.16)$$

$$\| u_{j,h_{l+1}}^c - \hat{u}_j \|_{0,\Omega} \lesssim \eta^*(H)\varepsilon_{h_{l+1}}(\lambda_i), \qquad (8.2.17)$$

$$\| u_{j,h_{l+1}}^{c*} - \hat{u}_j^* \|_{0,\Omega} \lesssim \eta(H)\varepsilon_{h_{l+1}}^*(\lambda_i^*), \qquad (8.2.18)$$

$$|\lambda_{j,h_{l+1}}^c - \lambda_j| \lesssim \varepsilon_{h_{l+1}}(\lambda_i)\varepsilon_{h_{l+1}}^*(\lambda_i^*), \qquad (8.2.19)$$

这里 $\varepsilon_{h_{l+1}}(\lambda_j) = \eta^*(H)\varepsilon_{h_l}(\lambda_i) + \varepsilon_{h_l}(\lambda_i)\varepsilon_{h_l}^*(\lambda_i^*) + \delta_{h_{l+1}}(\lambda_i)$ 且 $\varepsilon_{h_{l+1}}^*(\lambda_j^*) = \eta(H)\varepsilon_{h_l}^*(\lambda_i^*) + \varepsilon_{h_l}(\lambda_i)\varepsilon_{h_l}^*(\lambda_i^*) + \delta_{h_{l+1}}^*(\lambda_i^*)$.

证明： 作为准备，首先需证明式（8.2.21）．因为 $\{u_{j,h_{l+1}}^c\}_{j=i}^{i+q-1}$ 是 $M_{h_{l+1}}(\lambda_i)$ 的基，并且 $\{u_j\}_{j=i}^{i+q-1}$ 是 $M(\lambda_i)$ 的基．那么任意 $w \in M(\lambda_i)$，$\| w \|_{0,\partial\Omega} = 1$，可表示为

$$w = \sum_{j=i}^{i+q-1} \gamma_j u_j. \qquad (8.2.20)$$

参考文献[61]中定理 3.1 的论证及文献[118]中定理 5 的论证，根据式（8.2.8）、式（8.2.9）和假设（A0），容易推出

$$\sum_{j=i}^{i+q-1} |\gamma_j| \lesssim 1. \qquad (8.2.21)$$

接下来将证明式（8.2.24），该式在误差估计中起重要作用．作为准备，令 $\alpha_j := \frac{\lambda_i}{\lambda_{j,h_l}^c}(j = i, \cdots, i+q-1)$．根据 $\tilde{a}(\cdot,\cdot)$ 的椭圆性，式（8.1.23）、式（8.2.2）及式（8.1.22），有

$$\| \alpha_j \widetilde{u}_{j,h_{l+1}} - \widetilde{P}_{h_{l+1}} u_j \|_{1,\Omega}^2$$

$$\lesssim | \widetilde{a}(\alpha_j \widetilde{u}_{j,h_{l+1}} - \widetilde{P}_{h_{l+1}} u_j, \alpha_j \widetilde{u}_{j,h_{l+1}} - \widetilde{P}_{h_{l+1}} u_j) |$$

$$\lesssim | \widetilde{a}(\alpha_j \widetilde{u}_{j,h_{l+1}}, \alpha_j \widetilde{u}_{j,h_{l+1}} - \widetilde{P}_{h_{l+1}} u_j) - \widetilde{a}(u_j, \alpha_j \widetilde{u}_{j,h_{l+1}} - \widetilde{P}_{h_{l+1}} u_j) |$$

$$\lesssim | \lambda_j b(u_{j,h_l}^c - u_j, \alpha_j \widetilde{u}_{j,h_{l+1}} - \widetilde{P}_{h_{l+1}} u_j) | +$$

$$\qquad | \alpha_j - 1 | | ((k^2 n(x) + 1) u_{j,h_l}^c, \alpha_j \widetilde{u}_{j,h_{l+1}} - \widetilde{P}_{h_{l+1}} u_j)_0 | +$$

$$\qquad | ((k^2 n(x) + 1)(u_{j,h_l}^c - u_j), \alpha_j \widetilde{u}_{j,h_{l+1}} - \widetilde{P}_{h_{l+1}} u_j)_0 |$$

$$\lesssim (\| u_{j,h_l}^c - u_j \|_{-\frac{1}{2}, \partial\Omega} + | \lambda_{j,h_l}^c - \lambda_j | + \| u_{j,h_l}^c - u_j \|_{0,\Omega}) \| \alpha_j \widetilde{u}_{j,h_{l+1}} -$$

$$\widetilde{P}_{h_{l+1}} u_j \|_{1,\Omega}. \tag{8.2.22}$$

将式（8.2.8）、式（8.2.12）和式（8.2.10）代入式（8.2.22），得

$$\| \alpha_j \widetilde{u}_{j,h_{l+1}} - \widetilde{P}_{h_{l+1}} u_j \|_{1,\Omega} \lesssim \eta^*(H) \varepsilon_{h_l}(\lambda_i) + \varepsilon_{h_l}(\lambda_i) \varepsilon_{h_l}^*(\lambda_i^*).$$

基于上述不等式及有限元投影的误差估计 $\| u_j - \widetilde{P}_{h_{l+1}} u_j \|_{1,\Omega} \lesssim \delta_{h_{l+1}}(\lambda_i)$，推出

$$\| \alpha_j \widetilde{u}_{j,h_{l+1}} - u_j \|_{1,\Omega} \lesssim \eta^*(H) \varepsilon_{h_l}(\lambda_i) + \varepsilon_{h_l}(\lambda_i) \varepsilon_{h_l}^*(\lambda_i^*) + \delta_{h_{l+1}}(\lambda_i). \tag{8.2.23}$$

由式（8.2.21）、式（8.2.23）并表示 $\varepsilon_{h_{l+1}}(\lambda_i) := \eta^*(H) \varepsilon_{h_l}(\lambda_i) + \varepsilon_{h_l}(\lambda_i) \varepsilon_{h_l}^*(\lambda_i^*) + \delta_{h_{l+1}}(\lambda_i)$，推出

$$\sup_{w \in M(\lambda_i), \|w\|_{0,\partial\Omega}=1} \inf_{v \in V_{H,h_{l+1}}} \| w - v \|_{1,\Omega} \lesssim \sup_{\gamma_j} \left\| \sum_{j=i}^{i+q-1} \gamma_j (u_j - \alpha_j \widetilde{u}_{j,h_{l+1}}) \right\|_{1,\Omega}$$

$$\lesssim \max_{i \le j \le i+q-1} \| \alpha_j \widetilde{u}_{j,h_{l+1}} - u_j \|_{1,\Omega} \lesssim \varepsilon_{h_{l+1}}(\lambda_i). \tag{8.2.24}$$

现在估计 $u_{j,h_{l+1}}^c$ 的误差. 定义 $\widetilde{\eta}_1^*(H)$ 为

$$\widetilde{\eta}_1^*(H) = \sup_{f \in H^{\frac{1}{2}}(\partial\Omega), \|f\|_{\frac{1}{2}, \partial\Omega}=1} \inf_{v \in V_{H,h_{l+1}}} \| A_1^* f - v \|_{1,\Omega}.$$

易知 $\widetilde{\eta}_1^*(H) \lesssim \eta_1^*(H)$.

从谱逼近理论（见文献[11]），式（8.1.28）和式（8.2.24），有

$$\| u_{j,h_{l+1}}^c - \widehat{u}_j \|_{-\frac{1}{2}, \partial\Omega} \lesssim \sup_{w \in M(\lambda_i), \|w\|_{0,\partial\Omega}=1} \inf_{v \in V_{H,h_{l+1}}} \| w - v \|_{-\frac{1}{2}, \partial\Omega}$$

$$\lesssim \widetilde{\eta}_1^*(H) \sup_{w \in M(\lambda_i), \|w\|_{0,\partial\Omega}=1} \inf_{v \in V_{H,h_{l+1}}} \| w - v \|_{1,\Omega}$$

$$\lesssim \eta_1^*(H) \varepsilon_{h_{l+1}}(\lambda_i). \tag{8.2.25}$$

使用相似于文献[16]中式（2.26）证明以及式（8.2.24），有

$$\| u^c_{j,h_{l+1}} - \hat{u}_j \|_{1,\Omega} \lesssim \sup_{w \in M(\lambda_i), \|w\|_{0,\partial\Omega}=1} \inf_{v \in V_{H,h_{l+1}}} \| w - v \|_{1,\Omega} \lesssim \varepsilon_{h_{l+1}}(\lambda_i). \quad (8.2.26)$$

用相似于文献[16]中式（2.27）的论证，并根据式（8.1.33）和式（8.2.24），得到

$$\| u^c_{j,h_{l+1}} - \hat{u}_j \|_{0,\Omega} \lesssim \tilde{\eta}^*_2(H) \sup_{w \in M(\lambda_i), \|w\|_{0,\partial\Omega}=1} \inf_{v \in V_{H,h_{l+1}}} \| w - v \|_{1,\Omega} \lesssim \eta^*_2(H)\varepsilon_{h_{l+1}}(\lambda_i),$$
$$(8.2.27)$$

这里 $\tilde{\eta}^*_2(H) = \sup_{f \in L^2(\Omega), \|f\|_{0,\Omega}=1} \inf_{v \in V_{H,h_{l+1}}} \| A^*_2 f - v \|_{1,\Omega} \lesssim \eta^*_2(H).$

设 $\eta^*(H) := \max\{\eta^*_0(H), \eta^*_1(H), \eta^*_2(H)\}$. 根据式（8.2.26）、式（8.2.25）和式（8.2.27），可分别得到式（8.2.13）、式（8.2.15）和式（8.2.17）.

类似地，结论式（8.2.14）、式（8.2.16）和式（8.2.18）成立. 由假设（A0），式（8.2.13）和式（8.2.14）推出式（8.2.19）成立.

8.3　多网格校正方案

在这一节中，我们重复实施前一节中的一步校正，以获得下面的多网格方案.

方案8.3.1　（多网格校正方案）

步骤 1. 构造嵌套有限元空间序列 $V_H = V_{h_1}$, $V_{h_2}, \cdots$, V_{h_n} 使得式（8.2.1）成立.

步骤 2. 对 $j = i, i+1, \cdots, i+q-1$, 解下列 Steklov 特征值问题:

求 $(\lambda_{j,H}, u_{j,H}), (\lambda^*_{j,H}, u^*_{j,H}) \in \mathbb{C} \times V_H$, 使得 $\| u_{j,H} \|_{0,\partial\Omega} = 1$, $\| u^*_{j,H} \|_{0,\partial\Omega} = 1$, 且

$$a(u_{j,H}, v) = -\lambda_{j,H} b(u_{j,H}, v), \qquad \forall v \in V_H,$$
$$a(v, u^*_{j,H}) = -\overline{\lambda^*_{j,H}} b(v, u^*_{j,H}), \qquad \forall v \in V_H,$$

$\lambda^c_{j,h_1} = \lambda_{j,H}$, $u^c_{j,h_1} = u_{j,H}$, $\lambda^{c*}_{j,h_1} = \lambda^*_{j,H}$, $u^{c*}_{j,h_1} = u^*_{j,H}$.

步骤 3. 对 $l = 1,2,\cdots, n-1$ 执行

$$\{\lambda^c_{j,h_{l+1}}, \lambda^{c*}_{j,h_{l+1}}, u^c_{j,h_{l+1}}, u^{c*}_{j,h_{l+1}}\}^{i+q-1}_{j=i} = \text{Correction}(V_H, \{\lambda^c_{j,h_l}, \lambda^{c*}_{j,h_l}, u^c_{j,h_l}, u^{c*}_{j,h_l}\}^{i+q-1}_{j=i}, V_{h_{l+1}}).$$

结束.

我们得到q个特征对近似 $\{\lambda_{j,h_n}^c, u_{j,h_n}^c\}_{j=i}^{i+q-1}$, $\{\lambda_{j,h_n}^{c*}, u_{j,h_n}^{c*}\}_{j=i}^{i+q-1} \in \mathbb{C} \times V_{H,h_n}$ 和 $\lambda_{j,h_n}^c = \overline{\lambda_{j,h_n}^{c*}}$.

方案 8.3.1 与文献[152] 中算法 4.1 和文献[118] 中算法 7 不同. 在我们的方案中，与式（8.2.2）和式（8.2.3）相关的系数矩阵是相同的，而且都是对称正定的，然而文献[152]中算法 4.1 中式（3.1）和式（3.2）相关的系数矩阵与文献[118]中算法 7 的式（39）和式（40）相关的系数矩阵都不对称. 在文献[167]中建立的多网格离散方案是一种有效的方法，但到目前为止，理论上还没有证明该方法可以应用到非自共轭特征值问题，因此它不能被应用到本章所考虑的问题.

接下来将证明由方案 8.3.1 所得的特征对近似的误差估计.

定理 8.3.1　假设定理 *8.2.1* 的条件成立. 设数值特征对 $(\lambda_{j,h_n}^c, u_{j,h_n}^c)$，$(\lambda_{j,h_n}^{c*}, u_{j,h_n}^{c*})(j = i, i+1, \cdots, i+q-1)$是由方案 8.3.1 所得. 则存在特征对 (λ_j, u_j)，(λ_j^*, u_j^*)使得下列估计成立：

$$\| u_{j,h_n}^c - u_j \|_{1,\Omega} \lesssim \delta_{h_n}(\lambda_i), \tag{8.3.1}$$

$$\| u_{j,h_n}^{c*} - u_j^* \|_{1,\Omega} \lesssim \delta_{h_n}^*(\lambda_i), \tag{8.3.2}$$

$$\| u_{j,h_n}^c - u_j \|_{-\frac{1}{2},\partial\Omega} \lesssim \eta^*(H)\delta_{h_n}(\lambda_i), \tag{8.3.3}$$

$$\| u_{j,h_n}^{c*} - u_j^* \|_{-\frac{1}{2},\partial\Omega} \lesssim \eta(H)\delta_{h_n}^*(\lambda_i^*), \tag{8.3.4}$$

$$\| u_{j,h_n}^c - u_j \|_{0,\Omega} \lesssim \eta^*(H)\delta_{h_n}(\lambda_i), \tag{8.3.5}$$

$$\| u_{j,h_n}^{c*} - u_j^* \|_{0,\Omega} \lesssim \eta(H)\delta_{h_n}^*(\lambda_i^*), \tag{8.3.6}$$

$$|\lambda_{j,h_n}^c - \lambda_j| \lesssim \delta_{h_n}(\lambda_i)\delta_{h_n}^*(\lambda_i^*). \tag{8.3.7}$$

证明：根据方案 8.3.1 中步骤 2，引理 8.1.5 和引理 8.1.6 可知

$$\| u^c_{j,h_1} - u_j \|_{-\frac{1}{2},\partial\Omega} \lesssim \eta^*(H)\delta_{h_1}(\lambda_i),$$

$$\| u^{c*}_{j,h_1} - u^*_j \|_{-\frac{1}{2},\partial\Omega} \lesssim \eta(H)\delta^*_{h_1}(\lambda^*_i),$$

$$\| u^c_{j,h_1} - u_j \|_{1,\Omega} \lesssim \delta_{h_1}(\lambda_i),$$

$$\| u^{c*}_{j,h_1} - u^*_j \|_{1,\Omega} \lesssim \delta^*_{h_1}(\lambda^*_i),$$

$$\| u^c_{j,h_1} - u_j \|_{0,\Omega} \lesssim \eta^*(H)\delta_{h_1}(\lambda_i),$$

$$\| u^{c*}_{j,h_1} - u^*_j \|_{0,\Omega} \lesssim \eta(H)\delta^*_{h_1}(\lambda^*_i),$$

$$|\lambda^c_{j,h_1} - \lambda_j| \lesssim \delta_{h_1}(\lambda_i)\delta^*_{h_1}(\lambda^*_i).$$

设 $\varepsilon_{h_1}(\lambda_i) := \delta_{h_1}(\lambda_i)$. 注意到 $\varepsilon^*_{h_m}(\lambda^*_i) \lesssim \eta^*(H), m = 1,2,\cdots,n$ 并使用递归，可得

$$\begin{aligned}
\varepsilon_{h_n}(\lambda_i) &= \eta^*(H)\varepsilon_{h_{n-1}}(\lambda_i) + \varepsilon_{h_{n-1}}(\lambda_i)\varepsilon^*_{h_{n-1}}(\lambda^*_i) + \delta_{h_n}(\lambda_i) \\
&\lesssim \eta^*(H)\varepsilon_{h_{n-1}}(\lambda_i) + \delta_{h_n}(\lambda_i) \\
&\lesssim (\eta^*(H))^2\varepsilon_{h_{n-2}}(\lambda_i) + \eta^*(H)\delta_{h_{n-1}}(\lambda_i) + \delta_{h_n}(\lambda_i) \\
&\lesssim \sum_{l=1}^{n} (\eta^*(H))^{n-l}\delta_{h_l}(\lambda_i) \\
&\lesssim \sum_{l=1}^{n} (\eta^*(H))^{n-l}\xi^{n-l}\delta_{h_n}(\lambda_i) \\
&\lesssim \frac{1}{1-\eta^*(H)\xi}\delta_{h_n}(\lambda_i) \\
&\lesssim \delta_{h_n}(\lambda_i).
\end{aligned}$$

类似地，设 $\varepsilon^*_{h_1}(\lambda^*_i) := \delta^*_{h_1}(\lambda^*_i)$，可证得 $\varepsilon^*_{h_n}(\lambda^*_i) \lesssim \delta^*_{h_n}(\lambda^*_i)$.

用定理 8.2.1，可推出定理 8.3.1.

方案8.3.1的工作量估计

这里分析方案 8.3.1 的计算量. 我们将表明利用该方案使得求解反散射中的 Steklov 特征值问题所需的工作量与求解相应的边值问题所需的工作量几乎相同.

每次迭代的有限元空间的维数用 $N_l := \dim(V_{h_l})(l = 1,2,\cdots,n-1)$ 表示. 则有

$$N_l \approx (\frac{1}{\xi})^{2(n-l)} N_n, \qquad l = 1, 2, \cdots, n-1. \qquad (8.3.8)$$

有下列定理.

定理 8.3.2　假设 $O(M)(M \ll N_n)$ 是在粗有限元空间 V_{h_1} 上求解式（8.1.4）和共轭问题（8.1.12）的工作量. 在每次迭代空间 $V_{h_{l+1}}(l = 1, 2, \cdots, n-1)$ 上，解式（8.2.2）、式（8.2.3）的工作量是 $O(N_{l+1})$. 那么，方案 8.3.1 的工作量是 $O(N_n)$.

证明：设 W_l 表示在空间 $V_{h_{l+1}}$ 上的第 l 次校正步的工作量，则有

$$W_l = O(N_{l+1} + M), 对 \quad l = 1, 2, \cdots, n-1.$$

根据式（8.3.8），有

$$
\begin{aligned}
总工作量 &= \sum_{l=1}^{n-1} W_l + O(M) = O\left(\sum_{l=1}^{n-1} N_{l+1}\right) + O\left(\sum_{l=1}^{n} M\right) \\
&= O\left(\sum_{l=1}^{n-1} \left(\frac{1}{\xi}\right)^{2(n-l)} N_n\right) + O(M\ln N_n) \\
&= O\left(\frac{1 - \left(\frac{1}{\xi}\right)^{2(n-l)}}{1 - \left(\frac{1}{\xi}\right)^2} N_n\right) + O(M\ln N_n) \\
&= O(N_n).
\end{aligned}
$$

证毕.

8.4　数值实验

本节将给出一些数值实验. 为方便阅读，我们将方案 8.3.1 写为矩阵形式：设 $\{\xi_n\}_{n=1}^{N_h}$ 是 V_h 的节点基，且 $u_{j,h} = \sum_{n=1}^{N_h} u_j^n \xi_n$，$u_{j,h}^* = \sum_{n=1}^{N_h} u_j^{n*} \xi_n$. 设 $\vec{u}_{j,h} = (u_j^1, \cdots, u_j^{N_h})^T$，且 $\vec{u}_{j,h}^* = (u_j^{1*}, \cdots, u_j^{N_h*})^T$. 设 $\boldsymbol{U}_h = [\vec{u}_{i,h}, \cdots, \vec{u}_{i+q-1,h}], \boldsymbol{U}_h^* = [\vec{u}_{i,h}^*, \cdots, \vec{u}_{i+q-1,h}^*]$. 为了描述方案，我们给出下列离散情况下的矩阵（表 8.1）.

表 8.1 离散情况下的矩阵

矩阵	维数	定义
A_h	$N_h \times N_h$	$a_{mn} = \int_{\Omega} \left[\nabla \xi_n \cdot \overline{\nabla \xi_m} - k^2 n(x) \xi_n \overline{\xi_m} \right]$
M_h	$N_h \times N_h$	$b_{mn} = - \int_{\partial\Omega} \xi_n \overline{\xi_m}$
$\widetilde{A}_h$	$N_h \times N_h$	$c_{mn} = \int_{\Omega} \left(\nabla \xi_n \cdot \overline{\nabla \xi_m} + \xi_n \overline{\xi_m} \right)$
D_h	$N_h \times N_h$	$d_{mn} = \int_{\Omega} [k^2 n(x) + 1] \xi_n \overline{\xi_m}$

类似可定义 A_h^*，M_h^*，$\widetilde{A}_h^*$ 和 D_h^*. 注意到 $\widetilde{A}_h = \widetilde{A}_h^*$ 以及 $M_h = M_h^*$. 那么，方案 8.3.1 可写为:

步骤 1. 构造嵌套有限元空间序列 $V_H = V_{h_1}$，$V_{h_2}, \cdots$，V_{h_n} 使得式（8.2.1）成立.

步骤 2. 解下列广义矩阵特征值问题:

$$A_H \boldsymbol{U}_H = - \lambda_H * (M_H \boldsymbol{U}_H), \tag{8.4.1}$$

$$A_H^* \boldsymbol{U}_H^* = - \lambda_H * (M_H \boldsymbol{U}_H^*); \tag{8.4.2}$$

$\lambda_{h_1}^c = \lambda_H$，$\boldsymbol{U}_{h_1}^c = \boldsymbol{U}_H$，$\lambda_{h_1}^{c*} = \lambda_H^*$，$\boldsymbol{U}_{h_1}^{c*} = \boldsymbol{U}_H^*$.

步骤 3. 对 $l = 1, 2, \cdots, n - 1$ 执行

（1）解方程组

$$\widetilde{A}_{h_{l+1}} \widetilde{\boldsymbol{U}}_{h_{l+1}} = - \lambda_{h_l}^c * (M_{h_{l+1}} \boldsymbol{U}_{h_1}^c) + D_{h_{l+1}} \boldsymbol{U}_{h_1}^c, \tag{8.4.3}$$

$$\widetilde{A}_{h_{l+1}} \widetilde{\boldsymbol{U}}_{h_{l+1}}^* = - \lambda_{h_l}^c * (M_{h_{l+1}} \boldsymbol{U}_{h_1}^{c*}) + D_{h_{l+1}}^* \boldsymbol{U}_{h_1}^{c*}. \tag{8.4.4}$$

（2）定义新的有限元空间

$$V_{H,h_{l+1}} = V_H \oplus \text{span}\{\widetilde{\boldsymbol{U}}_{h_{l+1}}, \widetilde{\boldsymbol{U}}_{h_{l+1}}^*\},$$

解下列广义矩阵特征值问题

$$A_{H,h_{l+1}} \boldsymbol{U}_{h_{l+1}} = - \lambda_{h_{l+1}} * (M_{H,h_{l+1}} \boldsymbol{U}_{h_{l+1}}), \tag{8.4.5}$$

$$A_{H,h_{l+1}}^* \boldsymbol{U}_{h_{l+1}}^* = - \lambda_{h_{l+1}} * (M_{H,h_{l+1}} \boldsymbol{U}_{h_{l+1}}^*); \tag{8.4.6}$$

结束. 得到 λ_{h_n}，$\boldsymbol{U}_{h_n}$ 和 $\boldsymbol{U}_{h_n}^{*}$.

　　为方便和简单起见，在表和图中引入以下符号.

$\lambda_{j,h}^{c}$：由方案 8.3.1 所得第 j 个特征值；

—：计算无法继续，未得到特征值；

t_1：用 Matlab 中求解器 "eigs" 在 V_H 上求解式（8.4.1）和式（8.4.2）的 CPU 时间；

t_2：用 Matlab 中左除命令（"\"）在 $V_{h_{l+1}}$，$l = 1,2,\cdots,n-1$ 上求解问题式（8.4.3）和式（8.4.4）的 CPU 时间之和；

t_3：用 Matlab 中求解器 "eigs" 在 $V_{H,h_{l+1}}$，$l = 1,2,\cdots,n-1$ 上求解问题（8.4.5）和（8.4.6）的 CPU 时间之和；

t_{dir}：用直接的方法在 V_{h_n} 求 Steklov 的 CPU 时间.

　　在三个不同的区域 $\Omega_S = (-\frac{\sqrt{2}}{2},\frac{\sqrt{2}}{2})^2$，$\Omega_L = (-1,1)^2 \setminus ((0,1] \times [-1,0))$ 以及 $\Omega_{\mathrm{Slit}} = (-\frac{\sqrt{2}}{2},\frac{\sqrt{2}}{2})^2 \setminus \{0 \leqslant x \leqslant \frac{\sqrt{2}}{2}, y = 0\}$ 上解式（8.1.1）、式（8.1.2）. 我们给出下列例子.

例 8.4.1　当 $k = 1$ [即波长为 2π，$n(x) = 4$（即缺陷介质）] 时，解问题（8.1.1）、（8.1.2）.

对这个例子，为分析误差，用下列值作为各个区域上的参考值：

区域 Ω_S 上：$\lambda_1 = 2.20250306371$，$\lambda_2 = -0.21225275992$，

　　　　　　$\lambda_3 = -0.21225290395$，$\lambda_4 = -0.90805872238$.

区域 Ω_L 上：$\lambda_1 = 2.20250306371$，$\lambda_2 = -0.21225275992$，

　　　　　　$\lambda_4 = -0.21225290395$，$\lambda_5 = -0.90805872238$.

区域 Ω_{Slit} 上：$\lambda_1 = 2.20250306371$，$\lambda_2 = -0.21225275992$，

　　　　　　$\lambda_5 = -0.21225290395$，$\lambda_6 = -0.90805872238$.

例 8.4.2　当 $k = 1$，$n(x) = 4 + 4i$（吸收介质）时，解问题（8.1.1）、（8.1.2）. 对于例 8.4.2，用表中最精确的近似特征值作为参考值. 为便于比较，基于线性元，我们也用直接法（即 Matlab 中提供的求解器 "eigs"）求解了这两个例子.

　　图 8.1 至图 8.3 描绘了每个域上的四个近似特征值的误差曲线. 在图中，

某误差曲线的斜率越接近-1，则对应的特征值近似的收敛阶越接近最优收敛阶$O(h^2)$. 根据正则性理论，当λ的陡度等于 1 时，我们知道在方形区域上的特征值近似$\lambda_{j,h}$的收敛阶为$O(h^2)$. 在 L 形区域和裂缝区域上，并不是所有的近似特征值$\lambda_{j,h}$都能达到$O(h^2)$. 图 8.1 至图 8.3 表明数值结果与理论一致. 图 8.4 至图 8.6 给出了在每个区域上由方案 8.3.1 和直接方法所得的四个特征值误差的和. 在每一个图中，可以看到这两条曲线几乎重合，这意味着多网格校正方案可以获得与直接方法的近似特征值相同的最优误差估计.

由方案 8.3.1 和直接方法所得例 8.4.1 的近似特征值列于表 8.2 至表 8.4，例 8.4.2 的数值结果列于表 8.5 至表 8.7. 从表 8.2 至表 8.4 可见，对于例 8.4.1，这两种方法有相同的结果. 从表 8.5 至表 8.7 可见，对于例 8.4.2，当 h 最小时，使用 Matlab 求解器 "eigs" 并没有得到近似特征值，然而由本章建立的方案 8.3.1（多网格校正方案）可得到特征值近似. 在计算机内存有限的情况下，本章建立的方案是有意义的，也是高效的. 从表 8.8 和表 8.9 可见用方案 8.3.1 求特征值比直接方法花的时间更少.

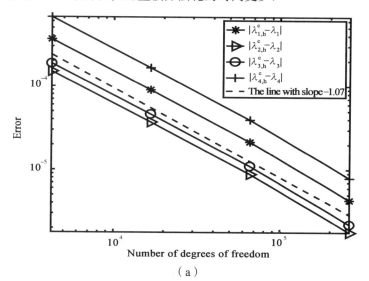

（a）

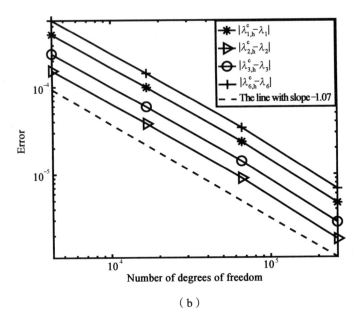

（b）

图 8.1 区域 Ω_S 上近似特征值的误差曲线：例 8.4.1（a）和例 8.4.2（b）

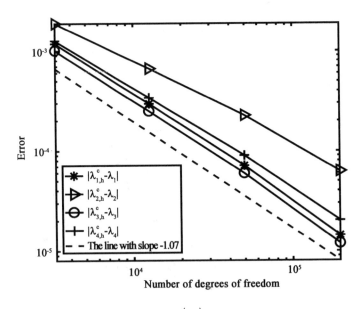

（a）

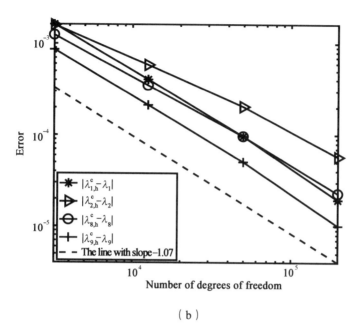

（b）

图 8.2 区域Ω_L上近似特征值的误差曲线：例 8.4.1（a）和例 8.4.2（b）

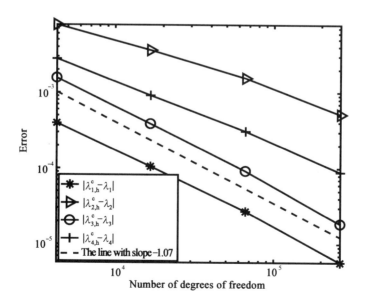

（a）

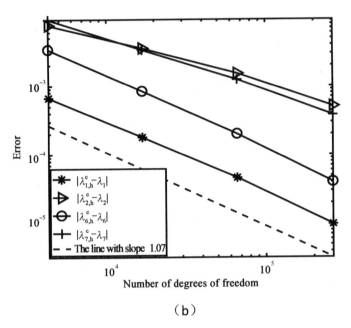

（b）

图 8.3 区域 Ω_{Slit} 上近似特征值的误差曲线：例 8.4.1（a）和例 8.4.2（b）

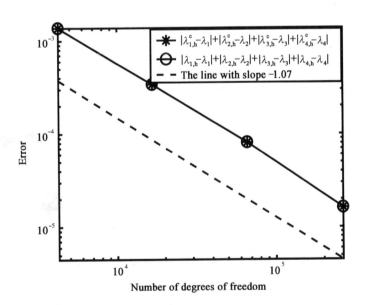

（a）

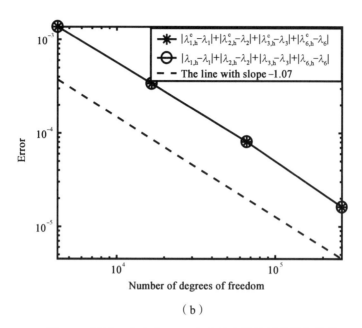

（b）

图 8.4　区域Ω_S上方案 8.3.1 和直接方法的近似特征值的

误差和的比较：例 8.4.1（a）和例 8.4.2（b）

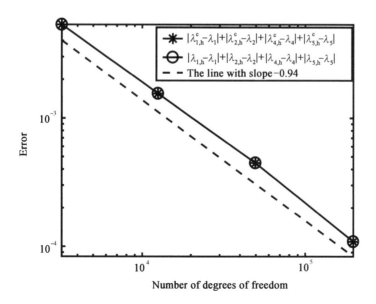

（a）

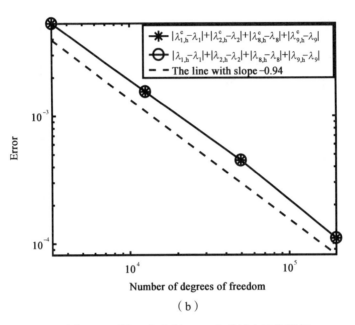

Number of degrees of freedom

（b）

图 8.5　区域 Ω_L 上方案 8.3.1 和直接方法的近似

特征值的误差和的比较：例 8.4.1（a）和例 8.4.2（b）

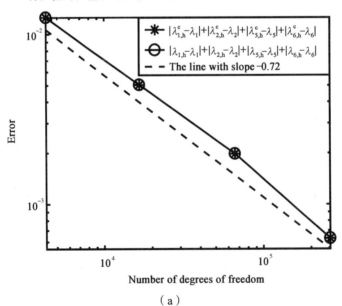

Number of degrees of freedom

（a）

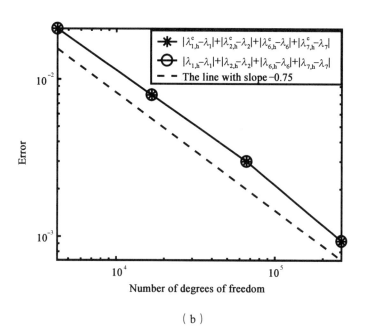

（b）

图 8.6 区域Ω_{Slit}上方案 8.3.1 和直接方法的近似特征值的

误差和的比较：例 8.4.1（a）和例 8.4.2（b）

表 8.2 区域Ω_S上由方案 8.3.1 和直接方法求例 8.4.1 的近似特征值

h	$\lambda_{1,h}^c$	$\lambda_{2,h}^c$	$\lambda_{3,h}^c$	$\lambda_{4,h}^c$
$\dfrac{2}{512}$	2.20250138679	−0.21225453108	−0.21225510721	−0.90806663225
$\dfrac{2}{1024}$	2.20250569143	−0.21225275994	−0.21225290397	−0.90805872239
h	$\lambda_{1,h}$	$\lambda_{2,h}$	$\lambda_{3,h}$	$\lambda_{4,h}$
$\dfrac{2}{512}$	2.20250138680	−0.21225453108	−0.21225510721	−0.90806663225
$\dfrac{2}{1024}$	2.20250569144	−0.21225275992	−0.21225290395	−0.90805872238

表 8.3　区域Ω_L上由方案 8.3.1 和直接方法求例 8.4.1 的近似特征值

h	$\lambda_{1,h}^c$	$\lambda_{2,h}^c$	$\lambda_{4,h}^c$	$\lambda_{5,h}^c$
$\dfrac{2\sqrt{2}}{512}$	2.53319456612	0.85768686246	−1.08531466335	−1.09122758504
$\dfrac{2\sqrt{2}}{1024}$	2.53320886492	0.85774947865	−1.08530278002	−1.09120730930
h	$\lambda_{1,h}$	$\lambda_{2,h}$	$\lambda_{4,h}$	$\lambda_{5,h}$
$\dfrac{2\sqrt{2}}{512}$	2.53319456614	0.85768686308	−1.08531466335	−1.09122758486
$\dfrac{2\sqrt{2}}{1024}$	2.53320886479	0.85774947872	−1.08530278003	−1.09120730928

表 8.4　区域Ω_{Slit}上由方案 8.3.1 和直接方法求例 8.4.1 的近似特征值.

h	$\lambda_{1,h}^c$	$\lambda_{2,h}^c$	$\lambda_{5,h}^c$	$\lambda_{6,h}^c$
$\dfrac{2}{512}$	1.48470424178	0.46069878294	−1.89989614930	−1.92887274492
$\dfrac{2}{1024}$	1.48470998965	0.46121500815	−1.89987768376	−1.92878382991
h	$\lambda_{1,h}$	$\lambda_{2,h}$	$\lambda_{3,h}$	$\lambda_{6,h}$
$\dfrac{2}{512}$	1.48470424180	0.46069878359	−1.89989614929	−1.92887274318
$\dfrac{2}{1024}$	1.48470998967	0.46121500835	−1.89987768376	−1.92878382943

表 8.5　区域Ω_S上由方案 8.3.1 和直接方法求例 8.4.2 的近似特征值.

h	$\lambda_{1,h}^c$	$\lambda_{2,h}^c$	$\lambda_{3,h}^c$	$\lambda_{6,h}^c$
$\dfrac{2}{512}$	0.6865580791 +2.49529459i	−0.3430478705 +0.85074449i	−0.3430446279 +0.85074328i	−0.9501192972 +0.54009581i
$\dfrac{2}{1024}$	0.6865533933 +2.49529414i	−0.3430468763 +0.850746i	−0.3430460656 +0.8507457i	-0.9501125093 +0.54009649i
h	$\lambda_{1,h}$	$\lambda_{2,h}$	$\lambda_{3,h}$	$\lambda_{6,h}$
$\dfrac{2}{512}$	0.6865580791 +2.49529459i	−0.3430478705 +0.850744489i	−0.3430446278 +0.8507432795i	−0.9501192972 +0.540095814i
$\dfrac{2}{1024}$	—	—	—	—

表 8.6 区域Ω_L上由方案 8.3.1 和直接方法求例 8.4.2 的近似特征值

h	$\lambda_{1,h}^c$	$\lambda_{2,h}^c$	$\lambda_{8,h}^c$	$\lambda_{9,h}^c$
$\dfrac{2\sqrt{2}}{512}$	0.5143105650 +2.88233395i	0.3969716242 +1.45891081i	−1.1594164942 +0.53552365i	−1.1423443060 +0.52981229i
$\dfrac{2\sqrt{2}}{1024}$	0.5142928934 +2.88232587i	0.3970089008 +1.45895479i	−1.1593938106 +0.53552117i	−1.1423342849 +0.52981075i
h	$\lambda_{1,h}$	$\lambda_{2,h}$	$\lambda_{8,h}$	$\lambda_{9,h}$
$\dfrac{2\sqrt{2}}{512}$	0.5143105650 +2.88233395i	0.3969716223 +1.45891081i	−1.1594164940 +0.53552365i	−1.1423443060 +0.52981229i
$\dfrac{2\sqrt{2}}{1024}$	—	—	—	—

表 8.7 区域Ω_{Slit}上由方案 8.3.1 和直接方法求例 8.4.2 的近似特征值

h	$\lambda_{1,h}^c$	$\lambda_{2,h}^c$	$\lambda_{6,h}^c$	$\lambda_{7,h}^c$
$\dfrac{2}{512}$	0.919316438 +1.77078218i	0.291737235 +0.99939462i	−2.859202716 +0.50477279i	−2.850238759 +0.49299969i
$\dfrac{2}{1024}$	0.919307780 +1.77078671i	0.292183070 +0.9996367i	−2.859162853 +0.5047693i	−2.849868193 +0.4930741i
h	$\lambda_{1,h}$	$\lambda_{2,h}$	$\lambda_{6,h}$	$\lambda_{7,h}$
$\dfrac{2}{512}$	0.919316438 +1.77078218i	0.291737232 +0.99939462i	−2.859202716 +0.50477279i	−2.850238737 +0.49299969i
$\dfrac{2}{1024}$	—	—	—	—

表 8.8 由方案 8.3.1 和直接方法计算特征值的时间比较：例 8.4.1.

区域	h	$t_1(g)$	$t_2(g)$	$t_3(g)$	$t_{dar}(g)$
Ω_S	$\dfrac{2}{512}$	0.04	8.30	0.09	20.51
	$\dfrac{2}{1024}$	0.20	41.15	0.43	96.57

续表

区域	h	$t_1(g)$	$t_2(g)$	$t_3(g)$	$t_{dar}(g)$
Ω_S	$\dfrac{2\sqrt{2}}{512}$	0.04	5.93	0.05	13.76
	$\dfrac{2\sqrt{2}}{1024}$	0.18	27.25	0.27	58.74
Ω_{Slit}	$\dfrac{2}{512}$	0.04	8.04	0.08	17.80
	$\dfrac{2}{1024}$	0.22	39.79	0.41	85.21

表 8.9　由方案 8.3.1 和直接方法计算特征值的时间比较：例 8.4.2

区域	h	$t_1(g)$	$t_2(g)$	$t_3(g)$	$t_{dar}(g)$
Ω_S	$\dfrac{2}{512}$	0.11	19.88	0.22	37.93
	$\dfrac{2}{1024}$	0.46	119.95	1.02	—
Ω_S	$\dfrac{2}{512}$	0.13	13.31	0.18	21.95
	$\dfrac{2}{1024}$	0.31	72.02	0.70	—
Ω_{Slit}	$\dfrac{2}{512}$	0.15	18.76	0.21	34.30
	$\dfrac{2}{1024}$	0.44	98.69	1.22	—

9　反散射中Steklov特征值问题的自适应算法

自适应有限元法是当前科学计算和工程计算中的常用方法. 对于给定的容忍限, 自适应有限元方法需要的自由度较小. 到目前为止, 许多关于后验误差估计和自适应算法的优秀工作都总结在文献[2, 129, 138]中. 关于自共轭 Steklov 特征值问题的后验误差估计和自适应有限元方法已有一些工作（比如, 见文献[7, 13, 56, 108, 123, 181, 193]）. 本章讨论非共轭 Steklov 特征值问题的后验误差估计和自适应有限元方法, 这是一种高效的有限元方法, 数值结果可达到最优收敛阶.

9.1　基本误差估计

第 7 章给出了反散射中 Steklov 特征值问题相应的变分公式和离散公式. 解空间和有限元空间分别是 $H^1(\Omega)$ 和 $V_h = V_h^{P1}$. $M(\lambda)$, $M_h(\lambda)$, $M^*(\lambda^*)$ 以及 $M_h^*(\lambda^*)$ 已在前一章有定义. 根据文献[99]中定理 3.2 和文献[16]中定理 2.1, 下列引理成立.

引理 9.1.1　设 $M(\lambda) \subset H^{1+r}(\Omega)$. 假设 λ 和 λ_h 分别是式（8.1.3）和式（8.1.4）的第 j 个特征值. 存在 $h_0 \in (0,1)$ 使得当 $h \leqslant h_0$ 时, 有

$$|\lambda - \lambda_h| \leqslant Ch^{2r}; \tag{9.1.1}$$

设 $u_h \in M_h(\lambda)$, $\| u_h \|_{L^2(\partial\Omega)} = 1$, 那么存在 $u \in M(\lambda)$ 使得

$$\| u - u_h \|_{H^1(\Omega)} \leqslant Ch^r, \tag{9.1.2}$$

$$\| u - u_h \|_{L^2(\Omega)} \leqslant Ch^{\frac{3r}{2}}, \tag{9.1.3}$$

$$\| u - u_h \|_{L^2(\partial\Omega)} \leqslant Ch^{\frac{3r}{2}}, \tag{9.1.4}$$

这里, r 是由前一章引理 8.1.1 所给的正则性指数.

引理 9.1.2　设 $M^*(\lambda^*) \subset H^{1+r}(\Omega)$. 假设 λ^* 和 λ_h^* 分别是式（8.1.11）和式

（8.1.12）的第 j 个特征值. 存在 $h_0 \in (0,1)$ 使得当 $h \leqslant h_0$ 时，有

$$|\lambda^* - \lambda_h^*| \leqslant Ch^{2r}; \tag{9.1.5}$$

设 $u_h^* \in M_h^*(\lambda^*)$，$\| u_h^* \|_{L^2(\partial\Omega)} = 1$，那么存在 $u^* \in M^*(\lambda^*)$ 使得

$$\| u^* - u_h^* \|_{H^1(\Omega)} \leqslant Ch^r, \tag{9.1.6}$$

$$\| u^* - u_h^* \|_{L^2(\Omega)} \leqslant Ch^{\frac{3r}{2}}, \tag{9.1.7}$$

$$\| u^* - u_h^* \|_{L^2(\partial\Omega)} \leqslant Ch^{\frac{3r}{2}}. \tag{9.1.8}$$

9.2　后验误差估计

本节将引入了反散射中非共轭 Steklov 特征值问题的误差指示子，并证明，如果忽略高阶项的话，该指示子等价于误差的能量范数，即它为有限元解的误差提供了上下界. 因为本章工作是文献[7]的应用推广，证明也类似，因此这里不再详细写出每一步证明. 首先，我们给出 u_h 的局部后验误差指示子 η_κ. 用符号 ε_κ 表示 κ （$\kappa \in \pi_h$）的边的集合. $\left[\!\left[\frac{\partial v_h}{\partial \boldsymbol{\nu}_l}\right]\!\right]_l$ 的值如下：

$$\left[\!\left[\frac{\partial v_h}{\partial \boldsymbol{\nu}_l}\right]\!\right]_l = [\nabla(v_h|_{\kappa_1}) - \nabla(v_h|_{\kappa_2})] \cdot \boldsymbol{\nu}_l, \ l \in \varepsilon(\Omega),$$

这里 κ_1 和 κ_2 是共享边 l 的单元，单位法向量 $\boldsymbol{\nu}_l$ 指向 κ_2 外面. 定义

$$J_l(\lambda_h, u_h) = \begin{cases} \dfrac{1}{2}\left[\!\left[\dfrac{\partial u_h}{\partial \boldsymbol{\nu}_l}\right]\!\right]_l, & l \in \varepsilon(\Omega), \\[4mm] -\lambda_h u_h - \dfrac{\partial u_h}{\partial \boldsymbol{\nu}_l}, & l \in \varepsilon(\partial\Omega), \end{cases}$$

$$J_l^*(\lambda_h^*, u_h^*) = \begin{cases} \dfrac{1}{2}\left[\!\left[\dfrac{\partial u_h^*}{\partial \boldsymbol{\nu}_l}\right]\!\right]_l, & l \in \varepsilon(\Omega), \\[4mm] -\lambda_h^* u_h^* - \dfrac{\partial u_h^*}{\partial \boldsymbol{\nu}_l}, & l \in \varepsilon(\partial\Omega). \end{cases}$$

局部误差指示子为：

$$\eta_\kappa(\lambda_h, u_h, n(x), k) = \left[k^4 h_\kappa^2 \| n(x) u_h \|_{L^2(\kappa)}^2 + \sum_{l \in \varepsilon_\kappa} |l| \| J_l \|_{L^2(l)}^2 \right]^{\frac{1}{2}}, \tag{9.2.1}$$

全局误差指示子为：

$$\eta_\Omega(\lambda_h, u_h, n(x), k) = \left\{ \sum_{\kappa \in \pi_h} \eta_\kappa^2(\lambda_h, u_h, n(x), k) \right\}^{\frac{1}{2}}. \qquad (9.2.2)$$

类似地，给出共轭特征函数的局部误差指示子和全局误差指示子：

$$\eta_\kappa^*(\lambda_h^*, u_h^*, n(x), k) = \left[k^4 h_\kappa^2 \| n(x) u_h^* \|_{L^2(\kappa)}^2 + \sum_{l \in \varepsilon_\kappa} |l| \| J_l^*(\lambda_h^* u_h^*) \|_{L^2(l)}^2 \right]^{\frac{1}{2}}, \qquad (9.2.3)$$

$$\eta_\Omega^*(\lambda_h^*, u_h^*, n(x), k) = \left\{ \sum_{\kappa \in \pi_h} \left(\eta_\kappa^*(\lambda_h^*, u_h^*, \overline{n(x)}, k) \right)^2 \right\}^{\frac{1}{2}}. \qquad (9.2.4)$$

为简化写作，在接下来的讨论中，如果没有特别说明，分别用 J_l，η_κ 和 η_Ω 代替 $J_l(\lambda_h, u_h)$，$\eta_\kappa(\lambda_h, u_h, n(x), k)$ 和 $\eta_\Omega(\lambda_h, u_h, n(x), k)$. 类似地，分别简写 $J_l^*(\lambda_h^*, u_h^*)$，$\eta_\kappa^*(\lambda_h^*, u_h^*, n(x), k)$，$\eta_\Omega^*(\lambda_h^*, u_h^*, n(x), k)$ 为 J_l^*，η_κ^*，η_Ω^*.

其次，为分析误差指示子的可靠性和有效性，我们做如下准备：设 (λ, u) 和 (λ_h, u_h) 分别是式（8.1.3）和式（8.1.4）特征对. 一方面，易知 $e = u - u_h$ 满足

$$\int_\Omega [\nabla e \cdot \nabla \overline{v} - k^2 n(x) e \overline{v}] = - \int_{\partial\Omega} (\lambda u \overline{v} - \lambda_h u_h \overline{v}), \quad \forall v \in V_h. \qquad (9.2.5)$$

另一方面，对任意 $v \in V_h$，从 Green 公式以及单元 κ 上 $\Delta u_h = 0$，得到 $\int_\kappa \nabla u_h \cdot \nabla \overline{v} = \int_{\partial\kappa} \frac{\partial u_h}{\partial \nu} \cdot \overline{v}$. 因此

$$a(u_h, v) = \sum_\kappa \left[\int_\kappa \nabla u_h \cdot \nabla \overline{v} - k^2 \int_\kappa n(x) u_h \overline{v} \right] = \sum_\kappa \left[\int_{\partial\kappa} \frac{\partial u_h}{\partial \nu} \cdot \overline{v} - k^2 \int_\kappa n(x) u_h \overline{v} \right].$$

结合上述等式与式（8.1.3），推出

$$\int_\Omega [\nabla e \cdot \nabla \overline{v} - k^2 n(x) e \overline{v}] = a(u, v) - a(u_h, v)$$

$$= \sum_\kappa \left[k^2 \int_\kappa n(x) u_h \overline{v} + \sum_{l \in \varepsilon_\kappa \cap \varepsilon(\partial\Omega)} \int_l \left(-\lambda_h u_h - \frac{\partial u_h}{\partial \nu_l} \right) \cdot \overline{v} + \frac{1}{2} \sum_{l \in \varepsilon_\kappa \cap \varepsilon(\Omega)} \int_l \left[\left[\frac{\partial u_h}{\partial \nu_l} \right] \right]_l \overline{v} \right] - \int_{\partial\Omega} (\lambda u - \lambda_h u_h) \overline{v}. \qquad (9.2.6)$$

此外，我们将使用以下 Clement 插值算子 $I_h: H^1(\Omega) \to V_h$ 的估计：

$$\| v - I_h v \|_{L^2(\kappa)} \leqslant C h_\kappa \| v \|_{H^1(\hat{\kappa})}, \quad \| v - I_h v \|_{L^2(l)} \leqslant C |l|^{\frac{1}{2}} \| v \|_{H^1(\hat{l})}, \quad (9.2.7)$$

这里 $\hat{\kappa}$ 是与 κ 共享至少一个点的所有单元的集合，$\hat{l}$ 是与 l 共享至少一个点的所有单元的集合.

容易验证 $a(\cdot, \cdot)$ 满足 Gårding 不等式[23]，即存在常数 $0 < M < \infty$ （M 足够大）和 $\alpha_0 > 0$ 使得

$$Re\{a(v, v)\} + M \| v \|^2_{L^2(\Omega)} \geqslant \alpha_0 \| v \|^2_{H^1(\Omega)}, \quad \forall v \in H^1(\Omega), \quad (9.2.8)$$

这里，M 和 α_0 两者都与 k 和 $\| n(x) \|_{L^\infty(\Omega)}$ 相关.

接下来将证明下列定理. 该定理表明，忽略两个高阶项，全局误差指示子提供了能量范数下误差的上界，保证了指示子的可靠性.

定理 9.2.1 下列结论成立：

（a）存在常数 C 使得

$$\| u - u_h \|_{H^1(\Omega)} \leqslant C[\eta_\Omega + (M + |\lambda|) \| u - u_h \|_{L^2(\Omega)} + |\lambda - \lambda_h|]; \quad (9.2.9)$$

（b）存在常数 C 使得

$$\| u^* - u_h^* \|_{H^1(\Omega)} \leqslant C[\eta_\Omega^* + (M + |\lambda^*|) \| u^* - u_h^* \|_{L^2(\Omega)} + |\lambda^* - \lambda_h^*|]. \quad (9.2.10)$$

证明：取式（9.2.5）中 $v = e^I$，这里 e^I 是 e 的 Clement 插值，则有

$$\int_\Omega \left[\nabla e \cdot \nabla \overline{e^I} - k^2 n(x) e \overline{e^I} \right] = - \int_{\partial\Omega} (\lambda u - \lambda_h u_h) \overline{e^I}.$$

该式与式（9.2.6）、式（9.2.5）结合得到

$$\int_\Omega \left[\nabla e \cdot \nabla \overline{e} - k^2 n(x) e \overline{e} \right] = \sum_\kappa \left[k^2 \int_\kappa n(x) u_h \left(\overline{e} - \overline{e^I} \right) + \sum_{l \in \varepsilon_\kappa} \int_l J_l \left(\overline{e} - \overline{e^I} \right) \right] -$$
$$\int_{\partial\Omega} (\lambda u - \lambda_h u_h) \overline{e}. \quad (9.2.11)$$

注意到 $e = u - u_h$，由三角不等式和 Schwarz's 不等式，有

$$\left| \int_{\partial\Omega} (\lambda u - \lambda_h u_h) \overline{e} \right| = \left| \int_{\partial\Omega} \lambda e \overline{e} + \int_{\partial\Omega} (\lambda - \lambda_h) u_h \overline{e} \right| \leqslant |\lambda| \| e \|^2_{L^2(\partial\Omega)} + |\lambda - \lambda_h| \| e \|_{L^2(\partial\Omega)}.$$

$$（9.2.12）$$

从式（9.2.8）、式（9.2.11）和式（9.2.12），推出

$$\alpha_0 \parallel e \parallel^2_{H^1(\Omega)} \leqslant \left| \sum_\kappa \left[k^2 \int_\kappa n(x)u_h \left(\overline{e} - \overline{e^l} \right) + \sum_{l \in \varepsilon_\kappa} \int_l J_l \left(\overline{e} - \overline{e^l} \right) \right] \right|$$

$$+ |\lambda| \parallel e \parallel^2_{L^2(\partial\Omega)} + |\lambda - \lambda_h| \parallel e \parallel^2_{L^2(\partial\Omega)} + M \parallel e \parallel^2_{L^2(\Omega)}. \quad （9.2.13）$$

由 Schwarz's 不等式、式（9.2.7）以及三角形满足最小角条件，推出

$$\left| \sum_\kappa \left[k^2 \int_\kappa n(x)u_h \left(\overline{e} - \overline{e^l} \right) + \sum_{l \in \varepsilon_\kappa} \int_l J_l \left(\overline{e} - \overline{e^l} \right) \right] \right|$$

$$\leqslant \quad C \left\{ \sum_\kappa \left[k^4 h^2_\kappa \parallel n(x)u_h \parallel^2_{L^2(\kappa)} + \sum_{l \in \varepsilon_\kappa} |l| \parallel J_l \parallel^2_{L^2(l)} \right] \right\}^{\frac{1}{2}} \parallel e \parallel_{H^1(\Omega)}. \quad （9.2.14）$$

将式（9.2.14）、迹不等式$\parallel e \parallel^2_{L^2(\partial\Omega)} \leqslant C \parallel e \parallel_{L^2(\Omega)} \parallel e \parallel_{H^1(\Omega)}$和$\parallel e \parallel_{L^2(\partial\Omega)} \leqslant C \parallel e \parallel_{H^1(\Omega)}$代入式（9.2.13），并注意到$\parallel e \parallel_{L^2(\Omega)} \leqslant C \parallel e \parallel_{H^1(\Omega)}$，推出式（9.2.9）. 表示$e^* = u^* - u^*_h$ 并使用与式（9.2.9）类似的论证，容易推出式（9.2.10），证毕.

最后，证明指示子对于实际的自适应加密的有效性. 为了达到该目标，必须证明局部指示子可由能量范数下的误差和高阶项所界定. 现在证明下列引理 9.2.1 和引理 9.2.2 成立，它将被用于估计η_κ的第一项.

引理 9.2.1 存在常数C使得

$$k^2 h_\kappa \parallel n(x)u_h \parallel_{L^2(\kappa)} \leqslant C[\parallel \nabla e \parallel_{L^2(\kappa)} + k^2 h_\kappa \parallel n(x)e \parallel_{L^2(\kappa)} + h^2_\kappa \parallel n(x) \parallel_{W^{1,\infty}(E)} \parallel u_h \parallel_{L^2(\kappa)}].$$

$$（9.2.15）$$

证明： 设$\delta_{1,\kappa}$，$\delta_{2,\kappa}$，$\delta_{3,\kappa}$ 表示$\kappa \in \pi_h$的重心坐标. 定义下列三次泡泡函数b_κ：

$$b_\kappa = \begin{cases} \delta_{1,\kappa}\delta_{2,\kappa}\delta_{3,\kappa} & \text{在}\kappa\text{中,} \\ 0 & \text{在}\Omega \setminus \kappa\text{中.} \end{cases}$$

设$v_\kappa \in P_4(\kappa) \cap H^1_0(\kappa)$. 那么，存在唯一的$v_\kappa$使得

$$\int_\kappa \frac{\int_\kappa \overline{n(x)}}{|\kappa|} v_\kappa \overline{w} = k^2 h^2_\kappa \int_\kappa |n(x)|^2 u_h \overline{w}, \quad \square \ \forall w \in P_1(\kappa). \quad （9.2.16）$$

选择 $v_\kappa = \sum_{i=1}^{3} \alpha_i \varphi_i$，这里 $\varphi_i = \delta_{i,\kappa} b_\kappa$　$(i = 1,2,3)$. 注意到，方程（9.1.26）系数矩阵的行列式不为零. 因此 v_κ 存在且唯一. 该线性方程组的解满足

$$\max_{1 \leq i \leq 3} |\alpha_i| \leq \frac{C}{|\kappa|} \max_{1 \leq i \leq 3} \left| k^2 h_\kappa^2 \int_\kappa |n(x)|^2 u_h \delta_{i,\kappa} \right| \leq \frac{C}{|\kappa|} |\kappa|^{\frac{1}{2}} k^2 h_\kappa^2 \| n(x) u_h \|_{L^2(\kappa)},$$

（9.2.17）

这里 C 与 $\| n(x) \|_{L^\infty(\kappa)}$ 相关.

由 $v_\kappa = \sum_{i=1}^{3} \alpha_i \varphi_i$，可得

$$\| v_\kappa \|_{L^2(\kappa)}^2 = \int_\kappa \left(\sum_{i=1}^{3} \alpha_i \varphi_i \right) \left(\overline{\sum_{i=1}^{3} \alpha_i \varphi_i} \right) = \sum_{i=1}^{3} |\alpha_i|^2 \int_\kappa \varphi_i^2 + \sum_{1 \leq i < j \leq 3} 2 \, Re(\alpha_i \alpha_j) \int_\kappa \varphi_i \varphi_j.$$

（9.2.18）

结合式（9.2.18），$\int_\kappa \varphi_i \varphi_j \leq C |\kappa| (i,j = 1,2,3)$ 和式（9.2.17），推出

$$\| v_\kappa \|_{L^2(\kappa)} \leq C |\kappa|^{\frac{1}{2}} \max_{1 \leq i \leq 3} |\alpha_i| \leq C k^2 h_\kappa^2 \| n(x) u_h \|_{L^2(\kappa)}. \qquad （9.2.19）$$

因此

$$\| v_\kappa \|_{L^2(\kappa)} + h_\kappa \| \nabla v_\kappa \|_{L^2(\kappa)} \leq C \| v_\kappa \|_{L^2(\kappa)} \leq C k^2 h_\kappa^2 \| n(x) u_h \|_{L^2(\kappa)}.$$

（9.2.20）

取式（9.2.16）中 $w = u_h$，推出

$$k^2 h_\kappa^2 \| n(x) u_h \|_{L^2(\kappa)}^2 = \int_\kappa \frac{\int_\kappa \overline{n(x)}}{|\kappa|} \overline{u_h} v_\kappa = \int_\kappa \frac{\int_\kappa n(x)}{|\kappa|} u_h \overline{v_\kappa}.$$

取式（9.2.6）中 $v = v_\kappa$，结合上式推出

$$k^4 h_\kappa^2 \| n(x) u_h \|_{L^2(\kappa)}^2 \leq \left| \int_\kappa (\nabla e \cdot \overline{\nabla v_\kappa} - k^2 n(x) e \overline{v_\kappa}) \right| + k^2 \left| \int_\kappa \left(n(x) - \frac{\int_\kappa n(x)}{|\kappa|} \right) u_h \overline{v_\kappa} \right|$$

（9.2.21）

从 Schwarz's 不等式和式（9.2.20）来估计式（9.2.21）右边第一项

$$\left| \int_\kappa (\nabla e \cdot \overline{\nabla v_\kappa} - k^2 n(x) e \overline{v_\kappa}) \right| \leq C k^2 h_\kappa (\| \nabla e \|_{L^2(\kappa)} + k^2 h_\kappa \| n(x) e \|_{L^2(\kappa)}) \|$$

$n(x)u_h\|_{L^2(\kappa)}.$

从 Schwarz's 不等式和式（9.2.19）来估计（9.2.21）式右边第二项.

$$\left|\iint_k \left(n(x)-\frac{\int_k n(x)}{|k|}\right)u_h\ \overline{v}_k\right| \leqslant \left\|n(x)-\frac{\int_k n(x)}{|k|}\right\|_{L^\infty(k)} \|u_h\|_{L^2(k)}\|v_k\|_{L^2(k)}$$

$$\leqslant Ck^2h_k^3\|n(x)\|_{W^{1,\infty}(k)}\|u_h\|_{L^2(k)}\|n(x)u_h\|_{L^2(k)}. \qquad （9.2.22）$$

将式（9.2.22）和式（9.2.22）代入式（9.2.21），推出式（9.2.15）.

下列引理 9.2.2 将用来估计η_κ的第二项.

引理 9.2.2 下列结论成立

（a）对$l\in\varepsilon_\kappa\cap\varepsilon(\partial\Omega)$，存在常数$C$使得

$$|l|^{\frac{1}{2}}\|J_l\|_{L^2(l)} \leqslant C[\ \|\nabla e\|_{L^2(\kappa)}+k^2h_\kappa\|n(x)e\|_{L^2(\kappa)}+h_\kappa^2\|n(x)\|_{W^{1,\infty}(\kappa)}\|u_h\|_{L^2(\kappa)}$$
$$+|l|^{\frac{1}{2}}\|\lambda u-\lambda_h u_h\|_{L^2(l)}]. \qquad （9.2.23）$$

（b）对$l\in\varepsilon_\kappa\cap\varepsilon(\Omega)$，设$\kappa_1$，$\kappa_2\in\pi_h$是有公共边$l$的两个三角形. 存在常数$C$使得

$$|l|^{\frac{1}{2}}\|J_l\|_{L^2(l)}\leqslant C\big(\|\nabla e\|_{L^2(\kappa_1\cup\kappa_2)}+k^2h_\kappa\|n(x)e\|_{L^2(\kappa_1\cup\kappa_2)}+h_\kappa^2$$

$$\|n(x)\|_{W^{1,\infty}(\kappa_1\cup\kappa_2)}\|u_h\|_{L^2(\kappa_1\cup\kappa_2)}\big).$$

$$（9.2.24）$$

证明： 对$l\in\varepsilon_\kappa\cap\varepsilon(\Omega)$，用$\kappa_1$和$\kappa_2$表示有公共边$l$的两个三角形. 对$\kappa_1$和$\kappa_2$的顶点编号，使得$l$的顶点先被编号. 然后引入边泡泡函数$b_l$

$$b_l=\begin{cases}\delta_{1,\kappa_i}\delta_{2,\kappa_i} & 在\kappa_i内,\\ 0 & 在\Omega\setminus\kappa_1\cup\kappa_2内.\end{cases}$$

（1）当$l\in\varepsilon_\kappa\cap\varepsilon(\partial\Omega)$时，设函数$v_l\in P_3(\kappa)$使得$v_l|_{l'}=0$，$l'\in\varepsilon_\kappa$，$l\neq l'$且

$$\begin{cases} \displaystyle\iint_l v_l\,\overline{w} = |l|\int_l J_l\,\overline{w}, & \forall w\in P_1(\kappa), \\ \| v_l\|_{L^2(l)} \leqslant C|l|\,\| J_l\|_{L^2(l)}. \end{cases}$$

这样的函数 v_l 是存在且唯一的. 实际上，设 $v_l = \sum_{i=1}^{2} \beta_i \psi_i$ 这里 $\psi_i = \delta_{i,\kappa} b_l$ 且 $\delta_{1,\kappa}$，$\delta_{2,\kappa}$ 是与 l 的顶点相应的重心坐标. 因此得到

$$\max_{1\leqslant i\leqslant 2} |\beta_i| \leqslant C\,\| J_l\|_{L^2(l)} \max_{1\leqslant i\leqslant 2} \| \delta_{i,\kappa}\|_{L^2(l)} \leqslant C|l|^{\frac{1}{2}}\| J_l\|_{L^2(l)}. \tag{9.2.25}$$

用与式（9.2.19）类似的论证，得到

$$\| v_l\|_{L^2(l)} \leqslant C|l|^{\frac{1}{2}} \max_{1\leqslant i\leqslant 2} |\beta_i| \leqslant C|l|\,\| J_l\|_{L^2(l)}. \tag{9.2.26}$$

相似地，结合式（9.2.25），得到

$$\| v_l\|_{L^2(\kappa)} \leqslant C h_\kappa \max_{1\leqslant i\leqslant 2} |\beta_i| \leqslant C|l|^{\frac{3}{2}}\| J_l\|_{L^2(l)}, \tag{9.2.27}$$

$$\| v_l\|_{L^2(\kappa)} + h_\kappa\| \nabla v_l\|_{L^2(\kappa)} \leqslant C|l|^{\frac{3}{2}}\| J_l\|_{L^2(l)} \qquad - \tag{9.2.28}$$

因为 $|l|\,\| J_l\|_{L^2(l)}^2 = \int_l v_l \overline{J_l} = \int_l J_l \overline{v_l}$，由式（9.2.6）得

$$|l|\,\| J_l\|_{L^2(l)}^2 = \int_\kappa \big(\nabla e\cdot\nabla\overline{v_l} - k^2 n(x) e\overline{v_l}\big) + \int_l (\lambda u - \lambda_h u_h)\overline{v_l} - k^2\int_\kappa n(x) u_h \overline{v_l}.$$

由 Schwarz's 不等式，并结合式（9.2.26）、式（9.2.27）与式（9.2.28），
推出

$$|l|\,\| J_l\|_{L^2(l)}^2 \leqslant C\big(\| \nabla e\|_{L^2(\kappa)} + k^2 h_\kappa\| n(x)e\|_{L^2(\kappa)} + |l|^{\frac{1}{2}}\| \lambda u - \lambda_h u_h\|_{L^2(l)} +$$

$$k^2 h_\kappa\| n(x)u_h\|_{L^2(\kappa)}\big)|l|^{\frac{1}{2}}\| J_l\|_{L^2(l)}. \tag{9.2.29}$$

根据式（9.2.29）和引理 9.2.1，推出式（9.2.23）.

（2）当 $l\in\varepsilon_\kappa\cap\varepsilon(\Omega)$ 时，设 κ_1，$\kappa_2\in\pi_h$ 是具有公共边 l 的两个三角形. 令 $v_l\in H_0^1(\kappa_1\cup\kappa_2)$ 是边泡泡函数使得 $v_l|_{\kappa_i}\in P_2$，$j=1,2$，且有

$$\begin{cases} \displaystyle\iint_l v_l\,\overline{w} = |l|\int_l J_l\,\overline{w}, & \forall w\in P_0(\kappa); \\ \| v_l\|_{L^2(l)} \leqslant C|l|\,\| J_l\|_{L^2(l)}. \end{cases}$$

使用与（1）类似的论证，推出

$$\| v_l\|_{L^2(\kappa)} + h_\kappa\| \nabla v_l\|_{L^2(\kappa)} \leqslant C|l|^{\frac{3}{2}}\| J_l\|_{L^2(l)}$$

$|l| \, \| J_l \|_{L^2(l)}^2 = \int_l \overline{J_l} v_l = \int_l J_l \overline{v_l}$ 和式（9.2.6）意味着

$$|l| \, \| J_l \|_{L^2(l)}^2 = \int_{\kappa_1 \cup \kappa_2} \left(\nabla e \cdot \overline{\nabla v_l} - k^2 n(x) e \overline{v_l} \right) - k^2 \int_{\kappa_1 \cup \kappa_2} n(x) u_h \overline{v_l},$$

因此

$$|l| \, \| J_l \|_{L^2(l)}^2 \leqslant C \big(\| \nabla e \|_{L^2(\kappa_1 \cup \kappa_2)} + k^2 h_\kappa \| n(x) e \|_{L^2(\kappa_1 \cup \kappa_2)} + h_\kappa$$

$$\| n(x) u_h \|_{L^2(\kappa_1 \cup \kappa_2)} \big) |l|^{\frac{1}{2}} \, \| J_l \|_{L^2(l)}.$$

$$(9.2.30)$$

根据式（9.2.30）和引理 9.2.1，推出式（9.2.24）.

下面的定理提供了误差项与高阶项和的下界.

定理 9.2.2 存在常数C使得

（a）对$\kappa \in \pi_h$，若$\partial \kappa \cap \partial \Omega = \emptyset$，则有

$$\eta_\kappa \leqslant C \big(\| e \|_{H^1(E^u)} + k^2 h_\kappa \| n(x) e \|_{L^2(E^u)} + h_\kappa^2 \| n(x) \|_{W^{1,\infty}(E^u)} \| u_h \|_{L^2(E^u)} \big),$$

$$(9.2.31)$$

这里κ^u表示与κ有公共边的所有三角形与κ全体.

（b）对$\kappa \in \pi_h$，若$\partial \kappa \cap \partial \Omega \neq \emptyset$，则有

$$\eta_\kappa \leqslant C \big(\| e \|_{H^1(\kappa)} + k^2 h_\kappa \| n(x) e \|_{L^2(\kappa)} + h_\kappa^2 \| n(x) \|_{W^{1,\infty}(\kappa)} \| u_h \|_{L^2(\kappa)} +$$

$$\sum_{l \in \varepsilon_\kappa \cap \varepsilon(\partial \Omega)} |l|^{\frac{1}{2}} \, \| \lambda u - \lambda_h u_h \|_{L^2(l)} \big)$$

$$(9.2.32)$$

证明： 根据引理 9.2.1 和引理 9.2.2 可证得结论.

对共轭问题也有类似的结论.

引理 9.2.3 存在常数C使得

$$k^2 h_\kappa \| n(x) u_h^* \|_{L^2(\kappa)} \leqslant C \big(\| \nabla e^* \|_{L^2(\kappa)} + k^2 h_\kappa \| n(x) e^* \|_{L^2(\kappa)} + h_\kappa^2 \| n(x) \|_{W^{1,\infty}(\kappa)}$$

$$\| u_h^* \|_{L^2(\kappa)} \big).$$

$$(9.2.33)$$

引理 9.2.4. （a）当 $l \in \varepsilon_\kappa \cap \varepsilon(\partial\Omega)$ 时，存在常数 C 使得

$$|l|^{\frac{1}{2}} \| J_l^* \|_{L^2(l)} \leqslant C(\| \nabla e^* \|_{L^2(\kappa)} + k^2 h_\kappa \| n(x) e^* \|_{L^2(\kappa)} + h_\kappa^2 \| n(x) \|_{W^{1,\infty}(\kappa)} \| u_h^* \|_{L^2(\kappa)}$$

$$+ |l|^{\frac{1}{2}} \| \lambda^* u^* - \lambda_h^* u_h^* \|_{L^2(l)}), \qquad (9.2.34)$$

（b）当 $l \in \varepsilon_\kappa \cap \varepsilon(\Omega)$ 时，设 κ_1，$\kappa_2 \in \pi_h$ 是具有公共边 l 的两个三角形. 那么，存在常数 C 使得

$$|l|^{\frac{1}{2}} \| J_l^* \|_{L^2(l)} \leqslant C[\| \nabla e^* \|_{L^2(\kappa_1 \cup \kappa_2)} + k^2 h_\kappa \| n(x) e^* \|_{L^2(\kappa_1 \cup \kappa_2)} + h_\kappa^2 \| n(x) \|_{W^{1,\infty}(\kappa_1 \cup \kappa_2)} \| u_h^* \|_{L^2(\kappa_1 \cup \kappa_2)}].$$
$$(9.2.35)$$

定理 9.2.3 存在常数 C 使得

（a）对 $\kappa \in \pi_h$，当 $\partial E \cap \partial\Omega = \emptyset$ 时，则有

$$\eta_\kappa^* \leqslant C[\| e^* \|_{H^1(E^u)} + k^2 h_\kappa \| n(x) e^* \|_{L^2(E^u)} + h_\kappa^2 \| n(x) \|_{W^{1,\infty}(E^u)} \| u_h^* \|_{L^2(E^u)}],$$
$$(9.2.36)$$

（b）$\kappa \in \pi_h$，当 $\partial E \cap \partial\Omega \neq \emptyset$，则有

$$\eta_\kappa^* \leqslant C[\| e^* \|_{H^1(\kappa)} + k^2 h_\kappa \| n(x) e^* \|_{L^2(\kappa)} + h_\kappa^2 \| n(x) \|_{W^{1,\infty}(\kappa)} \| u_h^* \|_{L^2(\kappa)} +$$

$$\sum_{l \in \varepsilon_\kappa \cap \varepsilon(\partial\Omega)} |l|^{\frac{1}{2}} \| \lambda^* u^* - \lambda_h^* u_h^* \|_{L^2(l)}] \qquad (9.2.37)$$

参考文献[11]中引理 9.1，推出下列引理.

引理 9.2.5 设 (λ, u) 和 (λ^*, u^*) 分别是式（8.1.3）和式（8.1.4）的特征对. 那么，对任意 v，$v^* \in H^1(\Omega)$，$b(v, v^*) \neq 0$，广义 Rayleigh 商满足

$$\frac{a(v, v^*)}{-b(v, v^*)} - \lambda = \frac{a(v - u, v^* - u^*)}{-b(v, v^*)} + \lambda \frac{b(v - u, v^* - u^*)}{-b(v, v^*)}. \qquad (9.2.38)$$

证明： 根据式（8.1.3）和式（8.1.4），得到

$$a(v - u, v^* - u^*) + \lambda b(v - u, v^* - u^*)$$

$$= a(v, v^*) - a(v, u^*) - a(u, v^*) + a(u, u^*) + \lambda[b(v, v^*) - b(v, u^*) -$$

$$b(u, v^*) + b(u, u^*)]$$

$$= a(v, v^*) + \lambda b(v, v^*),$$

两边同时除以$-b(v, v^*)$，即可得预期的结论.

根据文献[169]中引理4.1和文献[177]中引理4.2，有下列假设.

假设（H0）. $b(u_h, u_h^*)$关于h有一致正的下界.

定理9.2.4 设(λ_h, u_h)是式（8.1.4）的收敛于特征对(λ, u)的近似特征对.在假设（H0）下，有

$$|\lambda_h - \lambda| \leqslant C[\eta_\Omega^2 + (\eta_\Omega^*)^2]. \tag{9.2.39}$$

证明：根据引理9.2.5，得

$$\lambda_h - \lambda = \frac{a(u_h - u, u_h^* - u^*)}{-b(u_h, u_h^*)} + \lambda \frac{b(u_h - u, u_h^* - u^*)}{-b(u_h, u_h^*)}.$$

根据假设（H0），并结合引理9.1.1和9.1.2，推出

$$|\lambda_h - \lambda| \leqslant C\left(|u_h - u|_{H^1(\Omega)} \| u_h^* - u^* \|_{H^{1'}(\Omega)} + \| u_h - u \|_{L^2(\partial\Omega)} \| u_h^* - u^* \|_{L^2(\partial\Omega)}\right)$$
$$\leqslant C\left(\| u_h - u \|_{H^1(\Omega)}^2 + \| u_h^* - u^* \|_{H^1(\Omega)}^2\right).$$

将式（9.2.9）和式（9.2.10）代入上述不等式并忽略高阶项，推出式（9.2.39）.

9.3 边残差指示子

对于原特征函数和共轭特征函数，其实还有更简单的全局误差指示子，忽略高阶项，它们分别与误差等价.

$$\hat{\eta}_\Omega = \left(\sum_\kappa \hat{\eta}_\kappa^2\right)^{\frac{1}{2}}, \quad \hat{\eta}_\Omega^* = \left(\sum_\kappa (\hat{\eta}_\kappa^*)^2\right)^{\frac{1}{2}},$$

这里$\hat{\eta}_\kappa = \left(\sum_{l \in \varepsilon_\kappa} |l| \| J_l \|_{L^2(l)}^2\right)^{\frac{1}{2}}$及$\hat{\eta}_\kappa^* = \left(\sum_{l \in \varepsilon_\kappa} |l| \| J_l^* \|_{L^2(l)}^2\right)^{\frac{1}{2}}$. 实际上，它们是通过省略式（9.2.1）和式（9.2.3）给定的残差指示子的第一项而得. 在忽略高阶项的情况下，这些指示子是可靠而且有效的. 因为证明过程与文献[7]中几乎一样，这里只写出主要结果. 对任意$P \in N_\Omega$，我们定义$\Omega_P = \cup \{\kappa \in \pi_h: P \in E\}$.

引理 9.3.1   对任意 $P \in N_\Omega$，有

$$\sum_{E \subset \Omega_P} k^4 h_\kappa^2 \parallel n(x) u_h \parallel_{L^2(\kappa)}^2 \leqslant C \left(\sum_{l \subset \Omega_P} |l| \parallel J_l \parallel_{L^2(l)}^2 + |\Omega_P|^2 \parallel \nabla u_h \parallel_{L^2(\Omega_P)}^2 \right), \quad (9.3.1)$$

$$\sum_{E \subset \Omega_P} k^4 h_\kappa^2 \parallel n(x) u_h^* \parallel_{L^2(\kappa)}^2 \leqslant C \left(\sum_{l \subset \Omega_P} |l| \parallel J_l^* \parallel_{L^2(l)}^2 + |\Omega_P|^2 \parallel \nabla u_h^* \parallel_{L^2(\Omega_P)}^2 \right). \quad (9.3.2)$$

下面的定理表明，该指示子在不计高阶项基础上是全局可靠的也是局部有效的.

定理 9.3.1   存在常数 C 使得

$$\parallel u - u_h \parallel_{H^1(\Omega)} \leqslant C[\hat{\eta}_\Omega + (M + |\lambda|) \parallel u - u_h \parallel_{L^2(\Omega)} + |\lambda - \lambda_h| + h^2 \parallel \nabla u_h \parallel_{L^2(\Omega)}],$$
$$(9.3.3)$$

而且，对 $\kappa \in \pi_h$，如果 $\partial E \cap \partial \Omega = \varnothing$，则有

$$\hat{\eta}_\kappa \leqslant C[\parallel e \parallel_{H^1(E^u)} + k^2 h_\kappa \parallel n(x) e \parallel_{L^2(E^u)} + h_\kappa^2 \parallel n(x) \parallel_{W^{1,\infty}(E^u)} \parallel u_h \parallel_{L^2(E^u)}],$$
$$(9.3.4)$$

对 $\kappa \in \pi_h$，如果 $\partial E \cap \partial \Omega \neq \varnothing$，则有

$$\hat{\eta}_\kappa \leqslant \left[\parallel e \parallel_{H^1(\kappa)} + k^2 h_\kappa \parallel n(x) e \parallel_{L^2(\kappa)} + h_\kappa^2 \parallel n(x) \parallel_{W^{1,\infty}(\kappa)} \parallel u_h \parallel_{L^2(\kappa)} + \sum_{l \in \mathcal{E}_\kappa \cap \mathcal{E}(\partial\Omega)} \parallel \lambda u - \lambda_h u_h \parallel_{L^2(l)} \right].$$
$$(9.3.5)$$

证明： 从定理 9.2.1、定理 9.2.2 和引理 9.3.1 即可推出结论.

定理 9.3.2   存在常数 C 使得

$$\parallel u^* - u_h^* \parallel_{H^1(\Omega)} \leqslant C[\hat{\eta}_\Omega^* + (M + |\lambda^*|) \parallel u^* - u_h^* \parallel_{L^2(\Omega)} + |\lambda^* - \lambda_h^*| + h^2 \parallel \nabla u_h^* \parallel_{L^2(\Omega)}],$$
$$(9.3.6)$$

而且，对 $\kappa \in \pi_h$，，如果 $\partial E \cap \partial \Omega = \varnothing$，则有

$$\hat{\eta}_\kappa^* \leqslant C[\parallel e^* \parallel_{H^1(E^u)} + k^2 h_\kappa \parallel n(x) e^* \parallel_{L^2(E^u)} + h_\kappa^2 \parallel n(x) \parallel_{W^{1,\infty}(E^u)} \parallel u_h^* \parallel_{L^2(E^u)}],$$
$$(9.3.7)$$

对 $\kappa \in \pi_h$ 如果 $\partial E \cap \partial \Omega \neq \varnothing$，则有

$$\hat{\eta}_\kappa^* \leqslant C[\parallel e^* \parallel_{H^1(\kappa)} + k^2 h_\kappa \parallel n(x) e^* \parallel_{L^2(\kappa)} + h_\kappa^2 \parallel n(x) \parallel_{W^{1,\infty}(\kappa)} \parallel u_h \parallel_{L^2(\kappa)}$$
$$+ \sum_{l \in \mathcal{E}_\kappa \cap \mathcal{E}(\partial\Omega)} \parallel \lambda^* u^* - \lambda_h^* u_h^* \parallel_{L^2(l)}].$$
$$(9.3.8)$$

证明：从定理 9.2.1、定理 9.2.3 有引理 9.3.1 即可推得结论.

在局部加密的自适应网格上，特征值的收敛率是用自由度的总数来衡量的.有一些文献讨论了网格直径与自由度之间的关系（比如，见文献[177]中注 2.1）.

9.4 自适应算法及数值实验

首先，我们给出了下面的算法 9.4.1，它是基础而重要的，可以在文献[47]中找到.

算法 9.4.1 自适应算法

选择参数 $0 < \theta < 1$.

步骤 1. 挑选网格直径为 h_0 的初始网格 π_{h_0};

步骤 2. 在 π_{h_0} 上分别求解式（8.1.4）和式（8.1.12）得到离散解 (λ_{h_0}, u_{h_0}) 和 $(\lambda^*_{h_0}, u^*_{h_0})$;

步骤 3. 令 $i = 0$;

步骤 4. 计算相应于 λ_{h_i} 的局部指示子 $\eta^2_\kappa + (\eta^*_\kappa)^2$;

步骤 5. 根据标记策略 M 和参数 θ 构造 $\hat{\pi}_{h_i} \subset \pi_{h_i}$;

步骤 6. 根据加密程序对 π_{h_i} 进行加密从而得到新的网格 $\pi_{h_{i+1}}$;

步骤 7. 在 $\pi_{h_{i+1}}$ 上，分别求解式（8.1.4）和（8.1.12）得到离散解 $(\lambda_{h_{i+1}}, u_{h_{i+1}})$ 和 $(\lambda^*_{h_{i+1}}, u^*_{h_{i+1}})$;

步骤 8. 令 $i = i + 1$ 且回到步骤 4.

标记策略 M

给定参数 $0 < \theta < 1$.

步骤 1. 选取网格 π_{h_i} 上的部分单元构建 π_{h_i} 的最小子集 $\hat{\pi}_{h_i}$ 使得

$$\sum_{E \in \hat{\pi}_{h_i}} [\eta^2_\kappa + (\eta^*_\kappa)^2] \geqslant \theta [\eta^2_\Omega + (\eta^*_\Omega)^2].$$

步骤 2. 标记 $\hat{\pi}_{h_i}$ 中所有单元.

标记策略 M 最先由文献[139]提出.

加密程序是单元的一些迭代或递归等分（比如，见文献[104，110]），其最小加密条件是标记单元至少平分一次.

在步骤 2 和步骤 7 中，使用 MATLAB 2016b 中的稀疏求解器"eigs"来解离散特征值问题. 数值实验在区域 $\Omega_L = (-1,1)^2 \setminus ([0,1) \times (-1,0])$ 和

$$\Omega_{\text{Slit}} = \left(-\frac{\sqrt{2}}{2}, \frac{\sqrt{2}}{2}\right)^2 \setminus \left\{0 \leq x \leq \frac{\sqrt{2}}{2}, y = 0\right\}$$ 上进行. 初始网格是由直径为 $h_0 = \frac{\sqrt{2}}{32}$

的全等三角形组成. 所使用的参考值是由外推计算而来. 当 $n(x)$ 是实数时，将计算出的前三十个特征值是按降序排列. 当 $n(x)$ 是复数时，前三十个特征值按虚部的绝对值的降序排列. 为了方便和简单起见，在表和图中引入以下符号.

i：算法 9.4.1 的第 i 次迭代；

λ^A_{j,h_i}：算法 9.4.1 的第 i 次迭代所求得的第 j 个特征值；

$\lambda_{j,h}$：一致网格下的第 j 个特征值；

dof：自由度；

η^2：用算法 9.4.1 求得的近似特征值的后验误差指示子；

接下来，我们将用算法 9.4.1 解下列算例，以验证我们的理论结果.

例 9.4.1 求解问题（8.1.1）、（8.1.2），$k = 1$ 且 $n(x) = 4$.

对这个问题，用 $\lambda_1 \approx 2.53321363$，$\lambda_2 \approx 0.85778759$ 和 $\lambda_3 \approx 0.12452443$ 作为 Ω_L 上的参考值. 在 Ω_{Slit} 上，前三个参考值分别是 1.48471191、0.46173362 和 –0.18417592. 为了比较，我们使用线性有限元来求解一致网格上的前三个特征值，误差曲线见图 9.1. 由算法 9.4.1 所得特征值的误差曲线见图 9.2. 数值结果列于表 9.1 和表 9.2.

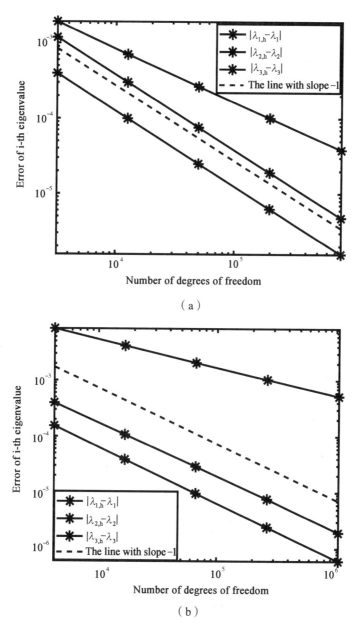

图 9.1 在 Ω_L（a）和 Ω_{Slit}（b）的一致网格上的前三个特征值的误差曲线：例 9.4.1

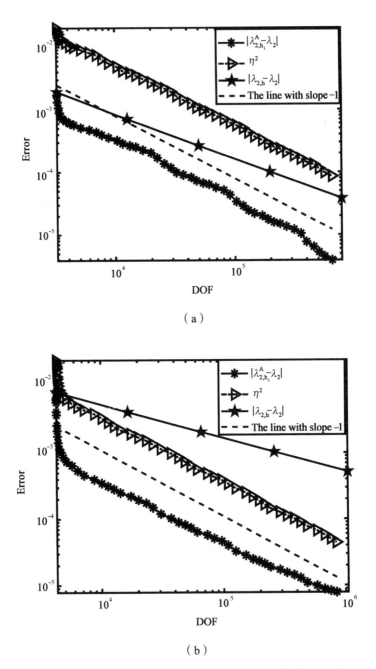

（a）

（b）

图 9.2　在 Ω_L（a）和 Ω_{Slit}（b）上第二个特征值的误差比较：例 9.4.1

表 9.1   算法 9.4.1 所求的 Ω_L 上的第二个特征值：例 9.4.1

i	j	dof	λ_{j,h_i}^A	dof	$\lambda_{j,h}$
16	2	11536	0.857500	12545	0.857083
27	2	47688	0.857715	49665	0.857523
38	2	190616	0.857770	197633	0.857687

表 9.2   算法 9.4.1 所求的 Ω_{Slit} 上的第二个特征值例：9.4.1

i	j	dof	λ_{j,h_i}^A	dof	$\lambda_{j,h}$
22	2	14505	0.461483	16705	0.457585
32	2	60809	0.461670	66177	0.459664
42	2	242511	0.461715	263425	0.460699

例 9.4.2　求解问题（8.1.1）、（8.1.2），$k = 1$ 且 $n(x) = 4 + 4i$.

对这个例子，在 Ω_L 上，取参考值为 $\lambda_1 \approx 0.514287041 + 2.88232331i$，$\lambda_2 \approx 0.39703537 + 1.45898539i$ 和 $\lambda_3 \approx -0.07717876 + 1.04267799i$. 在 Ω_{Slit} 上，参考值是 $\lambda_1 \approx 0.91930585 + 1.77078802i$，$\lambda_2 \approx 0.29263004 + 0.99987320i$ 及 $\lambda_3 \approx -0.26261456 + 0.75745031i$. 在一致网格上求得的特征值的误差曲线见图 9.3. 由算法 9.4.1 所得的特征值的误差曲线见图 9.4. 数值结果列于表 9.3 和表 9.4.

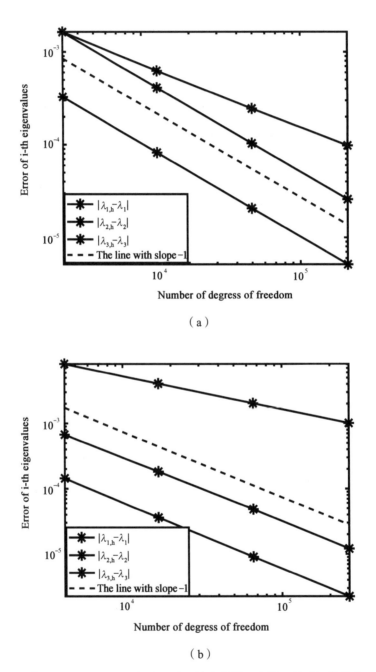

图 9.3 在 Ω_L（a）和 Ω_{Slit}（b）的一致网格上的前三个特征值的误差曲线：例 9.4.2

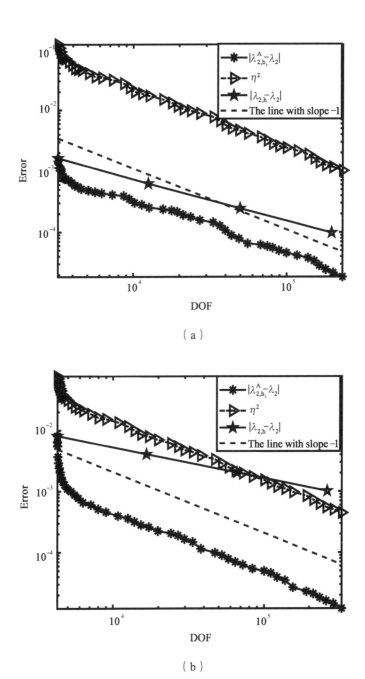

（a）

（b）

图 9.4　在Ω_L（a）和Ω_{Slit}（b）上第二个特征值的误差比较：例 9.4.2

表 9.3　算法 9.4.1 所求的 Ω_L 上的第二个特征值：例 9.4.2

i	j	dof	λ^A_{j,h_i}	dof	$\lambda_{j,h}$
20	2	11365	0.3970403+1.4587041i	12545	0.3966861+1.4584678i
32	2	48797	0.3970372+1.4589067i	49665	0.3968836+1.4587931i
43	2	181128	0.3970354+1.4589609i	197633	0.3969716+1.4589108i

表 9.4　算法 9.4.1 所求的 Ω_{Slit} 上的第二个特征值：例 9.4.2

i	j	dof	λ^A_{j,h_i}	dof	$\lambda_{j,h}$
22	2	15370	0.292428+0.999679i	16705	0.289067+0.997926i
33	2	64492	0.292578+0.999827i	66177	0.290846+0.998908i
44	2	259623	0.292616+0.999865i	263425	0.291737+0.999395i

例 9.4.3　求解问题（8.1.1）、（8.1.2），$k=2$ 且 $n(x)=4+2i$.

对这个例子，取 $\lambda_9 \approx -1.40118553+1.54057954i$ 和 $\lambda_2 \approx 2.19728089+5.85519972i$ 分别为 Ω_L 和 Ω_{Slit} 上的参考值.

例 9.4.4　求解问题（8.1.1）、（8.1.2），$k=4$ 且 $n(x)=4+i$.

选择 $\lambda_{19} \approx -4.33350590+1.54440353i$ 和 $\lambda_2 \approx 6.67501844+9.59727038i$ 分别作为 Ω_L 和 Ω_{Slit} 上的参考值. 对例 9.4.3 和 9.4.4，由算法 9.4.1 所得的特征值的误差曲线分别见图 9.5 和图 9.6.

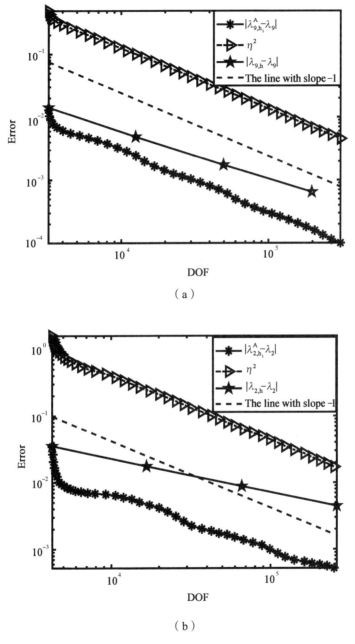

图 9.5 在Ω_L（a）和Ω_{Slit}（b）上的特征值的误差比较：例 9.4.3

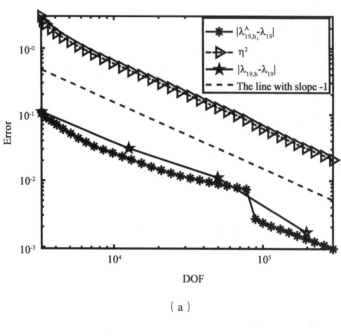

（a）

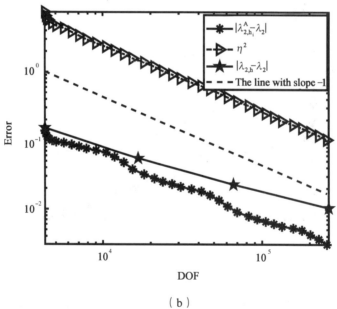

（b）

图 9.6　在Ω_L（a）和Ω_{Slit}（b）上的特征值的误差比较：例 9.4.4

我们知道自适应网格上数值特征值的最优收敛阶能达到$O(dof^{-1})$，且数值特征值的误差曲线应该与斜率为−1的直线平行. 在$k=1$的情况下，从图 9.1 和图 9.3 可见，第二个特征值的误差曲线并不平行于斜率为−1的直线，这表明相应于该特征值的特征函数是奇异的，且在一致网格上计算所得的数值特征值的收敛阶达不到最优收敛阶. 从图 9.2 和图 9.4 可见，在自适应网格上计算的特征值的误差曲线平行于斜率为−1的直线，因此，由自适应算法 9.4.1 求得的数值特征值能达到最优收敛阶. 当相应于特征值的特征函数奇异时，使用自适应网格比一致网格更为有效. 此外，由数值特征值的误差曲线基本平行于误差指示子曲线，可知数值特征值的后验误差指示子是可靠而有效的. 在$k \neq 1$的情况下，相应于那些特征值的特征函数是奇异的. 从图 9.5 和图 9.6 可知在自适应网格下计算而得的数值特征值能达到最优收敛阶$O(dof^{-1})$.

最后，由算法 9.4.1 所得的当$k=1$且$n(x)=4+4i$时的自适应加密网格见图 9.7. 理论上，在凹角点周围的单元上，特征函数的误差比在其他单元上更大. 从图 9.7 可见，在每个区域上，凹角点周围的单元加密更多，这与理论结果一致.

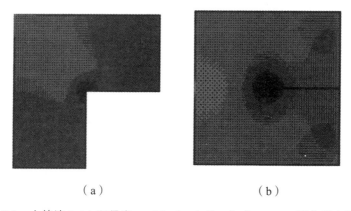

（a）　　　　　　　（b）

图 9.7　由算法 9.4.1 所得当 $i=25$，$k=1$ 且 $n(x)=4+4i$ 时自适应网格

10　结语与展望

1. 结　语

求特征值问题的数值解在许多领域都具有重要意义. 本书从下谱界和多网格离散两个方面研究特征值问题.

首先, 对变系数二阶椭圆特征值问题建立渐近下界校正方案. 与现有研究工作的不同之处在于处理恒等式（3.3.1）中最后两项 $\lambda_h b(u - I_h u, u_h) - a_h(u - I_h u, u_h)$ 的技巧. 现有研究使用插值误差估计, 使得 $b(u - I_h u, u_h) \leqslant Ch \| u - I_h u \|_h$, 正因为如此, 只有当特征函数奇异时, 该项才是式（3.3.1）右端第一项（决定项）的高阶小量. 然而, 本书充分使用单元上的 Poincaré 不等式, 对上述两项做技术性处理, 从而得到新的下界估计. 这一工作移除了特征函数奇异和问题系数是常数的限制, 前者是利用非协调 CR, Q_1^{rot} 有限元直接求特征值问题下谱界的重要条件, 后者是利用 ECR, EQ_1^{rot} 有限元求特征值问题下谱界的限制. 根据该研究思路, 本书 进一步对 Stokes 特征值问题使用类似的处理方式, 得到了一样的结论.

其次, 在上述工作的基础上, 本书又研究了变系数 Steklov 特征值问题和反散射 Steklov 特征值问题的渐近下谱界, 我们继续使用上一章求下谱界的思路. 不同的是, 该部分所讨论的问题的特征参数出现在边界上, 且所涉及区域包括二维和三维两种情况. 因此, 为求得渐近下界, 本书证明了三维情况下的带有明确值的迹不等式. 在处理恒等式（5.3.1）中最后两项时, 本书使用了单元上带有明确值的 Poincaré 不等式及迹不等式. 之后, 与上两章处理技巧类似, 得到校正后的特征值是准确值的渐近下界这一结论. 在不损失收敛阶的前提下, 本书删除了非协调 CR 元求下界所要求的特征函数奇异或特征值足够大这一条件限制，也去掉了 ECR 元求下界要求对特征值问题是常系数的条件．

接下来，本书又讨论了流体力学中两个特征值问题，即流固振动的 Laplace 模型和流体的晃动模式的可保证的下谱界．这两个特征值问题对应的变分问题的双线性型均是半正定的，这不满足现有框架的条件，增加了分析的难度．在给定条件下，书中证明了变分问题的双线性型 $b(\cdot,\cdot)$ 半正定时的极小极大原理，现有变分形式的极小极大原理所考虑的双线性型都是正定的．在此基础上，本书将现有理论框架成功地应用到变分问题的双线性型均为半正定情况下，利用迹不等式找到了满足直交性的投影算子以及使得投影相关估计式成立的常数，从而求得下界估计．

在特征值问题的多网格算法部分，本书结合 Ciarlet-Raviart 混合法和基于移位反迭代的二网格离散方法，对板振动和板屈曲问题建立了二网格和多网格离散方案，并给出了误差估计．现有关于二网格离散文献中的误差估计的重要引理要求近似解算子 T_h 在内积 $(\cdot,\cdot)_{H_0^1(\Omega)}$ 下自共轭的，不能直接应用到本书所讨论的板振动问题，这是对该方法进行理论分析的一个难点．本书充分使用了近似解算子 T_h 在内积 $(\cdot,\cdot)_{L^2(\Omega)}$ 意义下是自共轭的，且从 $L^2(\Omega)$ 到 $H_0^1(\Omega)$ 是有界的这两个重要性质来克服这一难点．因此，本书首先证得引理 7.2.1，该引理对于二网格近似解的误差估计来说是至关重要的．其次，在本书的定理 7.2.1 中证明了二网格近似 σ^h 与 $\sigma=-\Delta u$ 在 $L^2(\Omega)$ 范数下的误差，这是一个新的结果．再次，我们建立了一个基本关系式（7.1.27），并用它来推导二网格离散特征值的误差估计．我们充分利用了 C-R 混合法的良好结构以及 σ 的插值误差估计代替了 σ^h 在 $H_0^1(\Omega)$ 范数下的误差，由此避开了反估计．这一技巧使理论结果在形状正规网格下也有效．最后，通过数值算例说明书中所提出方案的有效性．这也是首次对第二类混合变分形式提出基于移位反迭代的二网格离散方案．

除此以外，本书将多网格校正技巧用到了新的特征值问题，即反散射中 Steklov 特征值问题．首先，引入 $H^1(\Omega)$-强制的半双线性型 $\tilde{a}(\cdot,\cdot)$，$\tilde{a}(\cdot,\cdot)$

意义下的 Ritz 投影 $\widetilde{P}_h, \widetilde{P}_h^*: \varnothing\ H^1(\Omega) \to V_h$ 及两个辅助问题及相应的投影误差估计. 此外,利用半双线性型 $\widetilde{a}(\cdot,\cdot)$,本书将多网格校正方案中边值问题的系数矩阵构造为对称正定的. 在这些准备之下,本书证得特征值和特征函数多网格校正近似解的误差估计. 在不损失精度的前提下,用在一系列细有限元空间中求解一系列系数矩阵对称正定的边值问题和在最粗有限元空间中求解一系列刚度阵非对称不定的 特征值问题来代替在细有限元空间中求解刚度阵非对称不定的特征值问题.

最后,本书将古典 Steklov 特征值问题后验误差估计的论证方法应用到新的特征值问题,即反散射中 Stklov 特征值问题. 并对设计了一种基于误差指示子的自适应算法. 为证明误差指示子的全局可靠性,我们使用了 Gårding 不等式

$$Re\{a(v,v)\} + M\parallel v\parallel_{L^2(\Omega)}^2 \geqslant \alpha_0 \parallel v\parallel_{H^1(\Omega)}^2, \qquad \forall v \in H^1(\Omega).$$

问题的不同,导致所使用的辅助方程(9.2.16)与现有研究中使用的方程有所区别. 理论分析和数值计算结果都表明这是一种高效的有限元方法,数值结果达到最优收敛阶.

2. 展 望

这些研究在一定程度上有助于特征值问题下谱界和多网格离散的发展. 然而,本书中的研究仍然存在一些缺陷. 比如,对于特征值问题的渐近下谱界,书中仅对二阶椭圆,Stokes 和 Steklov 特征值问题进行讨论,还未涉及其他受关注的特征值问题,如 Maxwell 特征值问题等;此外,这些渐近下界的前提条件是网格尺寸足够小,但在求解实际问题时,只能通过数值结果去判断这一条件是否成立,理论上还无法验证. 可保证下谱界理论用到某些特征值问题时,会损失特征值近似的收敛阶. 对特征值问题基于移位反迭代的二网格离散和多网格校正,我们在求边值问题时仅使用 MATLAB 中的左除命令("\"), 实际上,这并不是最佳选择.

考虑到上述存在的问题，在该领域后期工作中可继续研究特征值问题的下谱界和多网格离散. 比如，考虑以下几个方面：

（1）curl-curl 特征值问题的下谱界的研究

$$\begin{cases} c^2 \mathrm{curlcurl}\boldsymbol{\varepsilon} = \omega^2 \boldsymbol{\varepsilon}, \\ \mathrm{div}\boldsymbol{\varepsilon} = 0, \\ \boldsymbol{\varepsilon} \times \boldsymbol{\nu} = 0 \end{cases}$$

这里 $\boldsymbol{\varepsilon}$ 是电场，ω 是时频且 c 是光速.

电磁场特征值问题在计算电磁学中是基础且重要的，备受研究者关注. 到目前为止还没有见到关于该问题下谱界的研究，因此，后期将对该问题的下谱界进行研究.

（2）基于 Weak Galerkin 有限元方法的特征值问题的下谱界.

Weak Galerkin（WG）有限元方法与非协调有限元法类似，其主要思想是用完全不连续的函数作为基. 不同的是，非协调有限元仍然使用经典导数算子，而 WG 有限元方法用定义的弱算子代替经典的导数算子. 另外，现有非协调有限元只使用低阶分片多项式构成有限元空间，不能有效逼近光滑解；而 WG 有限元方法可以通过构造高阶分片多项式有限元空间来达到高阶收敛. 这就意味着，若能将该方法用于求特征值下界，不仅能系统地给出下界，而且还可以获得高精度的下界. 目前，研究者们[182]已引入 WG 有限元法来求解椭圆特征值问题，并证明所求近似值是准确特征值的渐近下界，并将理论结果应用到 Laplace 特征值问题和重调和特征值问题.

（3）基于 Kirchhoff 板屈曲问题的 Hellan–Herrmann-Johnson 混合变分公式的多网格离散.

可以进一步发展本书关于混合法二网格离散的工作，将其应用到 Kirchhoff 板屈曲问题的 Hellan–Herrmann-Johnson 混合变分公式. 因此，在以后的研究中，可以考虑将 Kirchhoff 板屈曲问题的 Hellan–Herrmann-Johnson 混合变分公式与基于移位反迭代的二网格、多网格离散结合. 在线性方程这一步的计算中，将考虑使用其他线性求解器.

参考文献

[1] ADINI A，CLOUGH R W. Analysis of plate bending by the finite Element method [M]. NSF Rept. G.，1961：7737.

[2] AINSWORTH M，ODEN J T. A posterior error estimation in finite element analysis [M]. New York：John Wiley & Sons，2011.

[3] ANDREEV A，LAZAROV R，RACHEVA M. Postprocessing and higher order conver-gence of the mixed finite element approximations of biharmonic eigenvalue problems [J]. J. Comput. Appl. Math.，2005，182：333-349.

[4] ANDREEV A，RACHEVA M. Two-sided bounds of eigenvalues of second- and fourth-order elliptic operators [J]. Appl. Math.，2014，59（4）：371-390.

[5] ARMENTANO M G，DURÁN R G. Mass-lumping or not mass-lumping for eigen- value problems [J]. J. Numer. PDE.，2003，19：653-664.

[6] ARMENTANO M G，DURÁN R G. Asymptotic lower bounds for eigenv-alues by nonconforming finite element methods [J]. Electron. Trans. Numer. Anal.，2004，17（2）：93-101.

[7] ARMENTANO M G，PADRA C. A posteriori error esitmates for the Steklov eigenvalue problem [J]. Appl. Numer. Math.，2008，58：593-601.

[8] ARMENTANO M G，PADRA C，RODRíGUEZ R，et al. An hp finite elemen- t adaptive scheme to solve the Laplace model for fluid-solid vibrations [J]. Comput. Methods Appl. Mech. Engrg.，2011，200：178-188.

[9] AUDIBERT L，CAKONI F，HADDAR H. New sets of eigenvalues in inverse scatter- ing for inhomogeneous media and their determination from

scattering data [J]. Inverse Problems，2017，33（12）：1-30.

[10] BABUšKA I，OSBORN J E. Finite element-galerkin approximation of the eigen-values and eigenvectors of selfadjoint problems [J]. Math. Comput.，1989，52（186）：275-297.

[11] BABUšKA I，OSBORN J E. Eigenvalue problems[M]// Ciarlet PG，Lions. JL Finite element methods（Part 1）. North-Holand：Elsevier Science Publishers，1991，2：640-787.

[12] BABU SKA I，RHEINBOLDT W. Error estimates for adaptive finite element com- putations [J]. SIAM J. Numer. Anal.，1978，15：736-754.

[13] BI H，LI H，YANG Y. An adaptive algorithm based on the shifted inverse iteration for the steklov eigenvalue problem [J]. Appl. Numer. Math.，2016，105：64-81.

[14] BI H，YANG Y. Multiscale discretization scheme based on the Rayleigh Quo- tient Iterative Method for the Steklov eigenvalue problem [J]. Mathematical Problems in Engineering，2012：487207.1-487207.18.

[15] BI H，YANG Y. A two-grid method of nonconforming element based on the shifted-inverse power method for the Steklov eigenvalue problem [J]. Ad- vanced Materials Research，2013，694-697：2918-2921.

[16] BI H，ZHANG Y，YANG Y. Two-grid discretizations and a local finite element scheme for a non-selfadjoint Stekloff eigenvalue problem [J]. Comput. Math. Appl.，2020，79（7）：1895-1913.

[17] BJØRSTAD P E，TJØSTHEIM B P. High precision solution of two fourth order eigenvalue problems [J]. Computing，1999，63：97-107.

[18] BOFFI D. Finite element approximation of eigenvalue problems [J]. Acta Numer.，2010，19：1-120.

[19] BOFFI D，GASTALDI L. Adaptive finite element method for the Maxwell eigen- value problem [J]. SIAM J. Numer. Anal.，2019，57（1）：478-

494.

[20] BOFFI D，GASTALDI L，RODRIGUEZ R. A posteriori error estimates for Maxwell's eigenvalue problem [J]. J. Sci. Comput.，2019，78（2）：1250– 1271.

[21] BRAMBLE J. Multigrid methods，pitman res. notes math. 294 [M]. New york：Wiley，1993.

[22] BRENNER S C，MONK P，SUN J. Linear finite element methods for planar linear elasticity [J]. Lect. Notes Comput. Sci. Eng.，2015，106：3- 15.

[23] BRENNER S C，SCOTT L R. The Mathematical theory of finite element meth-ods.[M]2nd ed. New york：Springer，2002.

[24] BREZINA M，FALGOUT R D，MACLACHLAN S，Adaptive algebraic multigrid [J]. SIAM J. Sci. Comput.，2006，27：1261-1286.

[25] BREZZI F，FORTIN M. Mixed and hybrid finite element method [M]. New york：Springer-Verlag，1991.

[26] CAI X，WIDLUND O B. Domain decomposition algorithms for indefinite elliptic problems [J]. SIAM J. Sci. Stat. Comput.，1992，13（1）：243- 258.

[27] CAKONI F，COLTON D，MENG S，et al. Stekloff eigenvalues in inverse scat- tering [J]. SIAM J. Appl. Math.，2016，76（4）：1737-1763.

[28] CANUTO C，HUSSAINI M Y，QUARTERONI A，et al. Spectral methods：fun- damentals in single domains [M]. S Heidelberg：Springer，2006.

[29] CARSTENSEN C，GALLISTL D. Guaranteed lower eigenvalue bounds for the bihar- monic equation [J]. Numer. Math.，2014，126（1）：33-51.

[30] CARSTENSEN C，GEDICKE J，RIM D. Explicit error estimates for courant，Crouzeix-Raviart and Raviart-Thomas finite element methods [J].

J. Com- put. Math., 2012, 30（4）: 337-353.

[31] CARSTENSEN C, GEDICKE J. Guaranteed lower bounds for eigenvalues [J]. Math.Comput., 2014, 83（290）: 2605-2629.

[32] CARSTENSEN C, ZHAI Q, ZHANG R. A Skeletal finite element method can com- pute lower eigenvalue bounds [J]. SIAM J. Numer. Anal., 2020, 58（1）: 109-124.

[33] CHATELIN F. Spectral Approximations of Linear Operators [M]. New York: Academic Press, 1983.

[34] CHAVEL I, FELDMAN E. An optimal Poincaré inequality for convex domains of non-negative curvature [J]. Arch. Ration. Mech. Anal., 1977, 65（3）: 263-273.

[35] CHEN H, HE Y, LI Y, XIE H. A multigrid method for eigenvalue problems based on shifted-inverse power technique [J]. European J. Math., 2015, 1: 207-228.

[36] CHEN H, JIA S, XIE H. Postprocessing and higher order convergence for the mixed finite element approximations of the Stokes eigenvalue problems [J]. Appl. Math., 2009, 54（3）: 237-250.

[37] CHEN H, XIE H, XU F. A full multigrid method for eigenvalue problems [J].J. Comput. Phys., 2016, 322（special issue）: 747-759.

[38] CHEN J, XU Y, ZOU J. An adaptive inverse iteration for Maxwell eigenvalue problem based on edge elements [J]. J. Comput. Phys., 2010, 229（special issue）: 2649-2658.

[39] CHEN L. iFEM: an innovative finite element methods package in MATLAB: Technical Report [R]: University of California at Irvine, 2009.

[40] CHEN Z, YANG Y. The global stress superconvergence of Wilsons brick [J].Numer. Math. J. Chinese Univ., 2005, 27（special issue）: 301-305.

[41] CHIEN C S, JENG B W. A two-grid discretization scheme for semilinear

elliptic eigenvalue problems [J]. SIAM J. Sci. Comput., 27: 1287-1304, 2006.

[42] CIARLET P G. The finite element method for elliptic problems [M]. Amsterdam: North-Holland, 1978.

[43] CIARLET P G. Basic error estimates for elliptic proplems[M]// Ciarlet,PG Lions JL.Finite element methods （Part 1） [M]. North-Holand : Elsevier Science Publishers, 1991, 2: 17-351.

[44] CONCA C, PLANCHARD J, VANNINATHAN M. Fluid and periodic structures [M].Masson: Paris, 1995.

[45] CROUZEIX M, RAVIART P A. Conforming and nonconforming finite element methods for solving the stationary Stokes equations [J]. RAIRO Anal. Numer., 1973, 7（3）: 33-75.

[46] CULLUM J, ZHANG T. Two-sided Arnoldi and nonsymmetric Lanczos algo- rithms [J]. SIAM J. Matrix Anal. Appl., 2002, 24: 303-319.

[47] DAI X, XU J, ZHOU A. Convergence and optimal complexity of adaptive finite element eigenvalue computations [J]. Numer. Math., 2008, 110: 313-355.

[48] DAI X, ZHOU A. Three-scale finite element discretizations for quantum eigen-value problems [J]. SIAM J. Numer. Anal., 2008, 46（1）: 295-324.

[49] DAUGE M. Elliptic boundary value probelms on corner domains: smoothness and asymptotics of solutions [M]. Berlin: Springer, 1988, 1341.

[50] DOWELL E. Nonlinear oscillations of a fluttering plate.II [J]. Aiaa J., 1966. 5（10）: 1856-1862.

[51] DUNFORD N, SCHWARTZ J T. Linear operators : spectral theory, selfadjoint operators in Hilbert Space [M]. New York: Interscience, 1963, 2.

[52] EIJKHOUT V, VASSILEVSKI P. The role of the strengthened Cauchy-Buniakowskii-Schwarz inequality in multilevel methods [J]. SIAM Review, 1991, 33: 405-419.

[53] FALK R S, OSBORN J E. Error estimates for mixed methods [J]. RAIRO Anal.Numer., 1980, 14（3）: 249-277.

[54] FORSYTHE G E. Asymptotic lower bounds for the frequencies of certain polyg- onal membranes [J]. Pacific J.Math., 1954, 4: 467-480.

[55] GAO F, MU L. On error estimate for weak galerkin finite element methods for parabolic problems [J]. J. Comput. Math., 2014, 32: 195-C204.

[56] GARAU E M, MORIN P. Convergence and quasi-optimality of adaptive FEM for Steklov eigenvalue problems [J]. IMA J. Numer. Anal., 2011, 1: 914-946.

[57] GIRAULT V, RAVIART P. Finite element methods for Navier-Stokes Equation-s: theory and algorithms [M]. Berlin: Springer-Verlag, 1986.

[58] GONG B, HAN J, SUN J, et al. shifted-inverse adaptive multigrid method for the elastic eigenvalue problem [J]. Commun. Comput. Phys., 2020, 27（1）: 251-273.

[59] HACKBUSCH W. Multigrid methods and applications [M]. New York: Springer, 1985.

[60] HAN J, ZHANG Z, YANG Y. A new adaptive mixed finite element method based on residual type A posterior error estimates for the Stokes Eigen-value problem [J]. Numer Methods Partial Differential Eq., 2015, 31: 31C53.

[61] HAN J, YANG Y, BI H. A new multigrid finite element method for the trans-mission eigenvalue problems [J]. Appl. Math. Comput., 2017, 292: 96-106.

[62] HAN J, YANG Y. An adaptive finite element method for the transmission

eigenvalue problem [J]. J. Sci. Comput., 2016, 69（3）: 1279-1300.

[63] HAN J, ZHANG Z, YANG Y. A new adaptive mixed finite element method based on residual type a posterior error estimates for the Stokes eigenvalue problem [J]. Numerical Methods for PDE, 2015, 31（1）: 31-53.

[64] HAN X, LI Y, XIE H. A multilevel correction method for stekov eigenvalue problem by nonconforming finite element methods [J]. Numer. Math. Theor. Meth. Appl., 2015, 31（1）: 31-53.

[65] HLAVÁCĚK V, HOFMANN H. Modeling of chemical reactors — XVI steady state axial heat and mass transfer in tubular reactors, an analysis of the uniqueness of solutions [J]. Chem. Eng. Sci., 1970, 25（1）: 173-185.

[66] HU J, HUANG Y. Lower bounds for eigenvalues of the Stokes operator [J]. Adv. Appl. Math. Mech., 2013, 5（1）: 1-18.

[67] HU G, XIE H, XU F. A multilevel correction adaptive finite element method for Kohn-Sham equatio [J]. J. Comput. Phys., 2018, 355: 436-449.

[68] HU J, HUANG Y, LIN Q. Lower bounds for eigenvalues of elliptic operators: by nonconforming finite element methods [J]. J. Sci. Comput., 2014, 61（1）: 196-221.

[69] HU J, HUANG Y, MA R. Guaranteed lower bounds for eigenvalues of elliptic operators [J]. J. Sci. Comput., 2016, 67: 1181-1197.

[70] HU J, HUANG Y, Shen H. The lower approximation of eigenvalue by lumped mass finite element method [J]. J. Comput. Math., 2004, 8（3）: 383-405.

[71] J HU, HUANG Y, SHEN Q. Constructing both lower and upper bounds for the eigenvalues of elliptic operators by nonconforming finite element

methods [J]. Numer. Math., 2015, 131: 273-302.

[72] HU X, CHENG X. Acceleration of a two-grid method for eigenvalue problems [J]. Math.Comp., 2011, 80: 1287-1301.

[73] HU X, CHENG X. Corrigendum to: acceleration of a two-grid method for eigenvalue problems [J]. Math. Comp., 2015, 84: 2701-2704.

[74] JI X, SUN J, XIE H. A multigrid method for Helmholtz transmission eigen- value problems [J]. J. Sci. Comput., 2014, 60: 276-294.

[75] JIA S. A posterior error analysis for the nonconforming discretization of Stokes eigenvalue problem [J]. Acta Math. Sin., 2014. 30（6）: 949-967.

[76] JIA S, XIE H, XIE M, et al. A full multigrid method for nonlinear eigenvalue problems[J]. Sci. China Math.,2016, 59: 2037C2048.

[77] LI H, YANG Y. Adaptive finite element method based on multi-scale discretiza-tions for eigenvalue problems [J]. Comput. Math. Appl., 2013, 65: 1086-1102.

[78] LI H, YANG Y. An adaptive c^0 ipg method for the helmholtz transmission eigenvalue problem [J]. Sci. China Math., 2018, 61（8）: 1519-1542.

[79] LI Q, LIN Q, XIE H. Nonconforming finite element approximations of the Steklov eigenvalue problem and its lower bound approximations [J]. Appl. Math., 2013, 58（2）: 129-151.

[80] LI Q, LIU X. Explicit finite element error estimates for nonhomogeneous Neumann problems [J]. Appl. Math., 2018, 63（3）: 367-379.

[81] LI Q, WANG J. Weak galerkin finite element method for parabolic equations [J]. Numer Methods Partial Differential Eq., 2013, 29: 2004-2024.

[82] LI Y. Lower approximation of eigenvalue by the nonconforming finite element method [J]. J. Math. Numer. Sin., 2008, 30（2）: 195-200.

[83] LI Y. The lower bounds of eigenvalues by the Wilson element in any dimen- sion [J]. Adv. Appl. Math. Mech., 2011, 3（5）: 598-610.

[84] LI Y. Guaranteed lower bounds for eigenvalues of the Stokes operator in any dimension [J]. Sci. Sin. Math., 2016, 46: 1179-1190.

[85] LIN Q, HUANG H T, LI Z C. New expansions of numerical eigenvalues for $-\Delta u = \lambda pu$ by nonconforming elements [J]. Math. Comput., 2008, 77 (264): 2061-2084.

[86] LIN Q, HUANG H T, LI Z C. New expansions of numerical eigenvalues by Wilson's element [J]. J. Comput. Appl. Math., 2009, 225: 213-226.

[87] LIN Q, LIN J. Finite element methods [M]. Beijing: Science Press, 2006.

[88] LIN Q, LUO F, XIE H. A multilevel correction method for Stokes eigenvalue problems and its applications [J]. Math. Meth. Appl. Sci., 2015, 38: 4540-4554.

[89] LIN Q, TOBISKA L, ZHOU A. Superconvergence and extrapolation of non- conforming low order finite elements applied to the Poisson equation [J]. IMA J. Numer. Anal., 2005, 25: 160-181.

[90] LIN Q, XIE G. Acceleration of FEA for eigenvalue problems [J]. Bull. Sci., 1981, 26: 449-452.

[91] LIN Q, XIE H. The asymptotic lower bounds of eigenvalue problems by non- conforming finite element methods [J]. Math. Practice Theory, 2012, 42 (11): 219-226.

[92] LIN Q, XIE H. Recent results on lower bounds of eigenvalue problems by non- conforming finite element methods [J]. Inverse probl. imag., 2013, 7 (3): 795-811.

[93] LIN Q, XIE H. A multi-level correction scheme for eigenvalue problems [J].Math.Comp., 2015, 84: 71-88.

[94] LIN Q, XIE H, LUO F, et al. Stokes eigenvalue approximations from below with nonconforming mixed finite element methods [J]. Math. Pract. Theory, 2010, 40 (19): 157-168.

[95] LIN Q，LUO F，XIE H. A multilevel correction method for Stokes eigenvalue problems and its applications [J]. Math. Meth. Appl. Sci.，2015，38：4540-4554.

[96] LIN Q，XIE H，XU J. Lower bounds of the discretization error for piecewise polynomials [J]. Math. Comput.，2014，83（285）：1-13.

[97] LIU H，YAN N. Four finite element solutions and comparison of problem for the poisson equation eigenvalue [J]. J. Numer. Meth. Comput. Appl.，2005，2：81-91.

[98] LIU J，JIANG W，LIN F，et al. A two-grid vector discretization scheme for the resonant cavity problem with anisotropic media [J]. IEEE Trans. Microw. Theory Tech.，2017，65：2719-2725.

[99] LIU J，SUN J，TURNER T. Spectral indicator method for a non-selfadjoint Steklov eigenvalue problem [J]. Journal of Scientific Computing，2019，79：1814-1831.

[100] LIU X. A framework of verified eigenvalue bounds for self-adjoint differential operators [J]. Appl. Math. Comput.，2015，267：341-355.

[101] LIU X，OISHI S. Verified eigenvalue evaluation for the laplacian over polygonal domains of arbitrary shape [J]. SIAM J. Numer. Anal.，2013，51：1634-1654.

[102] LOVADINA C，LYLY M，STENBERG R. A posteriori estimates for the Stokes eigenvalue problem [J]. Numer Methods Partial Differential Eq.，2009，25：244-257.

[103] MAO S，SHI Z. Explicit error estimates for mixed and nonconforming finite elements [J]. J. Comput. Math.，2009，27（4）：425-440.

[104] MAUBACH J. Local bisection refinement for n-simplicial grids generated by reflection [J]. SIAM J. Sci. Comput.，1995，16：210-227.

[105] MCCORMICK S，Reddy J N. multigrid Methods [M]. Frontiers in Appl.

Math.3，SIAM，Philadelphia，1987.

[106] MENG J，MEI L. Discontinuous Galerkin methods of the non-selfadjoint Steklov eigenvalue problem in inverse scattering [J]. Appl. Math. Comput.，2020，381：125-307.

[107] MERCIER B ，OSBORN J E ，RAPPAZ J ，et al. Eigenvalue approximation by mixed and hybrid methods [J]. Math. Comput.，1981，36（156）：427-453.

[108] MORA D，RIVERA G，RODR´GUEZ R. A posteriori error estimates for a virtual element method for the Steklov eigenvalue problem [J]. Comput. Math. Appl.，2017，74：2172-2190.

[109] MORIN P ，NOCHETTO R H ，SIEBERT K. Convergence of adaptive finite element methods [J]. SIAM Rev.，2000，44：631-658.

[110] MORIN P ，NOCHETTO R H ，SIEBERT K. Data oscillation and convergence of adaptive FEM [J]. SIAM J. Numer. Anal.，2000，38：466-488.

[111] MORLEY L S D. The triangular equilibrium element in the solution of plate bending problems [J]. Aeron. Q.，1968，19：149-169.

[112] MU L，WANG J. A modified weak Galerkin finite element for the stokes equations [J]. J. Comput. Appl. Math.，2015，275：79-90.

[113] MU L，WANG J，YE X，et al. A weak Galerkin finite element method for the Maxwell equations [J]. J. Sci. Comput.，2015，65（1）：363-386.

[114] MU L，WANG J P，YE X. Weak Galerkin finite elementmethod for the bihar monic equation on polytopal meshes [J]. Numer Methods Partial Differential Eq.，2014，30：1003C-1029.

[115] ODEN J T，REDDY J N. An introduction to the mathematical theory of finite elements [M]. New York：Courier Dover Publications，2012.

[116] OSBORN J. Approximation of the eigenvalue of a nonselfadjoint operator arising in the study of the stability of stationary solutions of the Navier-Stokes equations [J]. SIAM J. Numer. Anal., 1976, 13: 185-197.

[117] PAYNE L E, WEINBERGER H F. An optimal Poincaré inequality for convex domains [J]. Arch. Ration. Mech. Anal., 1960, 5: 286-292.

[118] PENG Z, BI H, LI H, et al. A multilevel correction method for convection-diffusion eigenvalue problems [J]. Mathematical Problems in Engineering, 2015: 1-10.

[119] PLUM M. Bounds for eigenvalues of second-order elliptic differential opera-tors [J]. Z. Angew. Math. Phys., 1991, 42 (6): 848-863.

[120] RACHEVA M R, ANDREEV A B. Superconvergence postprocessing for eigenvalues [J]. Comp. Methods in Appl. Math., 2002, 2 (2): 171-185.

[121] RANNACHER R. Nonconforming finite element methods for eigenvalue problems in linear plate theory [J]. Numer. Math., 1979, 33: 23-42.

[122] RANNACHER R, TUREK S. Simple nonconforming quadrilateral Stokes element[J]. Numer. Meth. Part. D. E., 1992, 8 (2): 97-111.

[123] RUSSO A D, ALONSO A E. A posteriori error estimates for nonconforming approximations of Steklov eigenvalue problems [J]. Comput. Math. Appl., 2011, 62 (11): 4100-4117.

[124] SAAD Y, CHELIKOWSKY J, SHONTZ S. Numerical methods for electronic structure calculations of materials [J]. SIAM Rev., 2010, 52 (1): 3-54.

[125] SAVARé G. Regularity results for elliptic equations in Lipschitz domains [J].J. Funct. Anal., 1998, 152: 176-201.

[126] SCHOLZ R. Interior error estimates for a mixed finite element method

[J].Numerical Functional Analysis and Optimization，1979，1（4）：415-529.

[127] SHAIDUROV V. Multigrid methods for finite elements [M]. Netherlands：K- luwer，Dordrecht，1995.

[128] SHEN J，TANG T，WANG L. Spectral methods：algorithms，analysis and ap- plications [M]. Heidelberg：Springer，2011.

[129] SHI Z，WANG M. Finite element methods [M]. Beijing：Scientific Publishers，2013.

[130] SLOAN H J. Iterated Galerkin method for eigenvalue problems [J]. SIAM J. Numer. Anal.，1976，13：753-760.

[131] STRANG G，FIX G. An analysis of the finite element method，Prentice-Hall series in automatic computation [M]. NJ，Englewood Cliffs：Prentice-Hall，1973.

[132] STUMMEL F. Basic compactness properties of nonconforming and hybrid finite element spaces [J]. RAIRO Anal. Numer.，1980，4：81-115.

[133] SUN J，ZHOU A. Finite element methods for cigenvalue problems [M]. Taylor&Francis：CRC Press，2016.

[134] TÜRKAÖ，BOFFI D，CODINAA R. A stabilized finite element method for the two-field and three-field Stokes eigenvalue problems [J]. Comput. Method Appl. M.，2016，310：886-905.

[135] TREFETHEN L N，BAU D. Numerical Linear Algebra [M]. Philadelphia：SIAM，1997.

[136] ŠEBESTOVÁ I，VEJCHODSKÝ T. Two-sided bounds for eigenvalues of differential operators with applications to Friedrichs，Poincaré，trace，and similar constants [J]. SIAM J. Numer. Anal.，2014，52（1）：308-329.

[137] VERFÜRTH R. A review of a posteriori error estimates and adaptive

mesh- refinement techniques [M]. New York：Wiley-Teubner，1996.

[138] VERFÜRTH R. A posteriori error estimation techniques [M]. New York：Oxford University Press，2013.

[139] DÖRFLER W. A convergent adaptive algorithm for Poissons equation [J]. SIAM J. Numer. Anal.，1996，33：1106-1124.

[140] WANG J，YE X. A weak galerkin finite element method for second-order elliptic problems [J]. J. Comput. Appl. Math.，2013，241：103-115.

[141] WEINBERGER H F. Upper and lower bounds for eigenvalues by finite difference methods [J]. Commun. Pur. Appl. Math.，1956，9：613-623.

[142] WEINSTEIN A，CHIEN W Z. On the vibrations of a clamped plate under tension[J]. Quart. Appl. Math.，1943，1：61-68.

[143] WEINSTEIN A ，STENGER W. Methods of intermediate problems for eigenvalues[M]. New York：Academic Press，1972.

[144] WEN J，HUANG P，HE Y. The two-level stabilized finite element method based on multiscale enrichment for the Stokes eigenvalue problem [J]. Acta. Math. Sci.，2021. 41B（2）：381-396.

[145] WILSON E L，TAYLOR R L，DOHERTY W P，et al. Incompatible displacement methods[M]//Numerical and computer methods in structural mechanics. New York：Academic Press，1973：43-57.

[146] XIE H. A multigrid method for eigenvalue problem [J]. Journal of Computa- tional Physics，2014，274：550-561.

[147] XIE H. A type of multilevel method for the Steklov eigenvalue problem [J].IMA Journal of Numer. Anal.，2014，34（2）：592-608.

[148] XIE H，YIN X. Acceleration of stabilized finite element discretizations for the Stokes eigenvalue problem [J]. Adv. Comput. Math.，2014，41（4）：799-812.

[149] XIE H，YIN X. Acceleration of stabilized finite element discretizations

for the Stokes eigenvalue problem [J]. Adv. Comput. Math., 2015, 41: 799-812.

[150] XIE H, ZHOU T. A multilevel finite element method for Fredholm integral eigenvalue problems [J]. J. Comput. Phys., 2015, 303: 173-184.

[151] XIE H, XIE M. A multigrid method for the ground state solution of Bose-Einstein condensates [J]. Commun. Comput. Phys., 2016, 19: 648-662.

[152] XIE H, ZHANG Z. A multilevel correction scheme for nonsymmetric eigenval- ue problems by finite element methods: version 2 [EB]. [2016-09-24]. http- s: //arxiv.org/abs/1505.06288.

[153] XIE M, XIE H, LIU X. Explicit lower bounds for Stokes eigenvalue problems by using nonconforming finite elements [J]. Japan J. Indust. Appl. Math., 2018, 35 (1): 335-354.

[154] XU J, CAI X. A preconditioned GMRES method for aymmetric or indefinite problems, [J]. Mathematics of Computation, 1992, 59 (200): 311-319.

[155] XU J. A new class of iterative methods for nonsclfadjoint or indefinite prob- lems [J]. SIAM J. Numer. Anal., 1992, 29: 303-319.

[156] XU J. Iterative methods by space decomposition and subspace correction [J]. SIAM Rev., 1992, 34: 581-613.

[157] XU J. A novel two-grid method for semilinear equations [J]. SIAM J. Sci.Comput., 1994, 15: 231-237.

[158] XU J. Two-grid discretization techniques for linear and nonlinear PDEs [J].SIAM J. Numer. Anal., 1996, 33: 1759-1777.

[159] XU J, ZHOU A. Two-grid discretization scheme for eigenvalue problems [J].Math.Comput., 2001, 70 (233): 17-25.

[160] XU J, ZHOU A. Local and parallel finite element algorithms for eigenvalue problems [J]. Acta Mathematicae Applicatae Sinica, 2002, 18:

185-200.

[161] XU F, YUE M, HUANG Q, et al. An asymptotically exact a posteriori error estimator for non-selfadjoint Steklov eigenvalue problem [J]. Appl. Numer. Math., 2020, 156: 210-227.

[162] YANG Y. A posteriori error estimates in Adini finite element for eigenvalue problems [J]. J. Comput. Math., 2000, 18（4）: 413-418.

[163] YANG Y. Iterated Galerin method and Rayleigh quotient for accelerating con- vergence of eigenvalue problems [J]. Chinese Joumal of Engineering Mathe- matics, 2008, 25: 480-488.

[164] YANG Y. Finite element methods for eigenvalue problems [M].Beijing: Science Press, 2012.

[165] YANG Y, BI H. Lower spectral bounds by Wilson's brick discretization [J].Appl. Numer. Math., 2010, 60: 782-787.

[166] YANG Y, BI H. Two-grid finite element discretization scheme based on shifted- inverse power method for elliptic eigenvalue problems [J]. SIAM J. Numer. Anal., 2011, 49（4）: 1602-1624.

[167] YANG Y, BI H, HAN J, et al. The shifted-inverse iteration based on the multigrid discretizations for eigenvalue problems [J]. SIAM J. Sci. Comput., 2015, 37（6）: A2583-A2606.

[168] YANG Y, BI H, LI H, et al. Mixed methods for the Helmholtz transmission eigenvalues [J]. SIAM J. SCI. Comput., 2016, 38（3）: A1383-A1403.

[169] YANG Y, HAN J, BI H. Error estimates and a two grid scheme for ap- proximating transmission eigenvalues : version 2 [EB]. [2016-03-02]. http- s: //arxiv.org/abs/1506.06486?context=math.

[170] YANG Y, HAN J, BI H, et al. The lower/upper bound property of the nono-conforming Crouzeix-Raviart element eigenvalues on adaptive

meshes [J]. J. Sci. Comput., 2015, 62（1）: 284-299.

[171] YANG Y, HAN J. The multilevel mixed finite element discretizations based on local defect-correction for the Stokes eigenvalue problem [J]. Comput. Methods Appl. Mech. Engrg., 2015, 289: 249-266.

[172] YANG Y, LI H, BI H. The lower bound property of the Morley element eigen- values [J]. Comput. Math. Appl., 2016, 72: 904-920.

[173] YANG Y, LI Q, LI S. Nonconforming finite element approximations of the Steklov eigenvalue problem [J]. Appl. Numer. Math., 2009, 59: 2388-2401.

[174] YANG Y, LIN F, ZHANG Z. N-simplex Crouzeix-Raviart element for the second- order elliptic/eigenvalue problems [J]. Int J. Numer. Anal. Model., 2009, 6（4）: 615-626.

[175] YANG Y, LIN Q, BI H, et al. Lower eigenvalues approximation by Morley elements [J]. Adv. Comput. Math., 2012, 36: 443-450.

[176] YANG Y, ZHANG Y, BI H. Non-conforming Crouzeix-Raviar element approxi- mation for Stekloff eigenvalues in inverse scattcring[J] Adv Comput Math, 2020, 46: 81, doi: 10.1007/s10444-020-09818-7.

[177] YANG Y, ZHANG Y, BI H. A type of adaptive C^0 non-conforming finite element method for the Helmholtz transmission eigenvalue problem [J]. Comput. Methods Appl. Mech. Engrg., 2020, 360, doi: 10.1016/j.cma.2019.112697.

[178] YANG Y, ZHANG Z, LIN F. Eigenvalue approximation from below using non- forming finite elements [J]. Sci. China. Math., 2010, 53: 137-150.

[179] YANG Y. Inverse power Galerkin method [J]. Journal of Guizhou University （Natural Scinece）, 1988, 5（1）: 27-32.

[180] YOU C, XIE H, LIU X. Guaranteed eigenvalue bounds for the Steklov

eigen- value problem [J]. SIAM J. Numer. Anal., 2019, 57（3）: 1395-1410.

[181] ZENG Y, WANG F. A psteriori error estimates for a discontinuous Galerkin approximation of Steklov eigenvalue problems [J]. Appl. Math., 2017, 62: 243-267.

[182] ZHAI Q, XIE H, ZHANG R, et al. The weak Galerkin method for elliptic eigenvalue problems [J]. Commun. Comput. Phys., 2019, 26（1）: 160-191.

[183] ZHANG R, LI Q. A weak Galerkin finite element scheme for the biharmonic equation by using polynomials of reduced order [J]. J. Sci. Comput., 2015, 64: 559-585.

[184] ZHANG Y, BI H, YANG Y. A multigrid correction scheme for a new Steklov eigenvalue problem in inverse scattering [J]. Int. J. Comput. Math., 2020, 97: 1412-1430.

[185] ZHANG Y, BI H, YANG Y. The two-grid discretization of CiarletCRaviart mixed method for biharmonic eigenvalue problems [J]. Appl. Numer. Math., 2019, 138: 94-113.

[186] ZHANG S, XI Y, JI X. A multi-level mixed element method for the eigenvalue problem of biharmonic equation [J]. J. Sci. Comput., 2018, 75: 1415-1444.

[187] ZHANG Y, YANG Y. A correction method for finding lower bounds of eigenval-ues of the second-order elliptic and Stokes operators [J]. Numerical Methods for PDE, 2019, 35: 2149-2170.

[188] ZHANG Y, YANG Y. Guaranteed lower eigenvalue bounds for two spectral problems arising in fluid mechanics [J]. Comput. Math. Appl., 2021, 90: 66- 72.

[189] ZHANG Z, YANG Y, CHEN Z. Eigenvalue approximation from below

by Wilson's element [J]. J. Math. Numer. Sin., 2007, 29（3）: 319-321.

[190] ZHANG A. Some open mathematical problems in electronic structure models and calculations （in Chinese） [J]. Sci. Sin. Math., 2015, 45（7）: 929-938.

[191] ZHOU J, HU X, SHU S, et al. Two-grid methods for Maxwell eigenvalue problems [J]. SIAM J.Number. Anal., 2014, 52: 2027-2047.

[192] ZIENKIEWICZ O C, CHEUNG Y K. The finite element method in structrural and continuum mechanics [M]. New York: McGraw-Hill, 1967.

[193] ZUPPA C. A posteriori error estimates for the finite element approximation of steklov eigenvalue problem [J]. Mecá. Comput., 2007, 26: 724-735.